普通高等教育"十三五"规划教材 配套实验与学习指导系列
全国高等医药院校规划教材

生物化学与分子生物学
实验教程（第2版）

孙聪 柳春 主编

清华大学出版社
北京

内 容 简 介

本书包括 4 部分，第 1 部分为实验基本知识，包括生物化学实验室规则和实验报告的书写要求、实验基本操作、实验样品的制备、常用的实验方法与技术（分光光度法、电泳技术、层析技术、离心技术和印迹技术）；第 2 部分为生物化学实验，包括 19 个实验；第 3 部分为分子生物学基本实验方法，包括 9 个实验；第 4 部分是附录，包括实验室安全及防护知识，分子生物学实验中的常用试剂及溶液、缓冲液的配制，常用计量单位及符号和希腊字母表。

本书适用于高等医学院校临床医学、中医学、中西医结合、骨伤、针灸推拿、护理、药学、中药、制药工程、生物制药、药剂学等各专业的实验教学。由于各专业的要求、学时不同，可根据实际情况选择实验项目。

图书在版编目（CIP）数据

生物化学与分子生物学实验教程 / 孙聪，柳春主编. — 2 版. — 北京：清华大学出版社，2017
（2021.7重印）
　（普通高等教育"十三五"规划教材. 全国高等医药院校规划教材配套实验与学习指导系列）
　ISBN 978-7-302-47800-3

　Ⅰ. ①生… Ⅱ. ①孙… ②柳… Ⅲ. ①生物化学 – 实验 – 医学院校 – 教材 ②分子生物学 – 实验 – 医学院校 – 教材 Ⅳ. ① Q5-33 ② Q7-33

中国版本图书馆 CIP 数据核字（2017）第 168948 号

责任编辑：罗　健　王　华
封面设计：常雪影
责任校对：赵丽敏
责任印制：宋　林

出版发行：清华大学出版社
　　　　网　　址：http://www.tup.com.cn, http://www.wqbook.com
　　　　地　　址：北京清华大学学研大厦A座　　　邮　　编：100084
　　　　社 总 机：010-62770175　　　　　　　邮　　购：010-62786544
　　　　投稿与读者服务：010-62776969, c-service@tup.tsinghua.edu.cn
　　　　质量反馈：010-62772015, zhiliang@tup.tsinghua.edu.cn
印　刷　者：北京富博印刷有限公司
装　订　者：北京市密云县京文制本装订厂
经　　销：全国新华书店
开　　本：185mm×260mm　　　印　张：6.75　　　字　数：186千字
版　　次：2012年3月第1版　2017年10月第2版　　印　次：2021 年 7 月第 9 次印刷
定　　价：25.00元

产品编号：073730-01

编委会名单

主　审　任　颖

主　编　孙　聪　柳　春

副主编　张晓薇　王艳杰　周晓晶

编　者　（以姓氏笔画为序）

王卫芳　长春中医药大学

王宏英　长春中医药大学

王艳杰　辽宁中医药大学

从培玮　辽宁中医药大学

冯晓帆　辽宁中医药大学

任　颖　长春中医药大学

孙　聪　长春中医药大学

李保坤　辽宁中医药大学

李桂兰　山西中医药大学

张　林　辽宁中医药大学

张晓薇　山西中医药大学

周晓晶　长春中医药大学

柳　春　辽宁中医药大学

胡丽丽　山西中医药大学

赵丹玉　辽宁中医药大学

郭艳霞　长春中医药大学

郭隽馥　辽宁中医药大学

郭寰宇　长春中医药大学

阎　慧　长春中医药大学

窦　瑶　长春中医药大学

PREFACE 前 言

21 世纪是生命科学迅猛发展的时期，生物化学与分子生物学技术已经渗透到生命科学的各个领域，成为生命科学及相关领域教学科研不可缺少的部分，也是医学、药学、生物技术等专业本科学生必修的基础实验课程。为了适应现代科学技术的发展，适应高校教学改革，提高教学质量，培养开拓、创新型高级医药人才，我们根据多年的教学经验和生物科学发展趋势，在传统生物化学与分子生物学实验的基础上，探讨新的实验教学方法，编写了本教程。本书可作为高等医药院校各专业、各层次学生选用。

本实验教材由实验基本知识、生物化学实验、分子生物学基本实验方法和附录 4 个部分组成。在编写过程中，我们既考虑到配合课堂理论学习，又注意训练学生的基本操作和基本技能，同时，还增加了新技术和新方法。我们力求实验的科学性、实用性和可靠性，详细介绍实验的基本原理、实验步骤、实验器材、实验仪器使用方法、样品的制备、试剂的配制等，使学生使用时更方便、易懂。

本书是我们在总结多年生物化学和分子生物学实验教学经验的基础上，不断完善而成。由于编者的水平有限，如果读者在使用过程中发现不妥之处，敬请批评指正。

编　者
2017 年 3 月

CONTENTS 目 录

第 3 部分　　分子生物学基本实验方法

第 4 部分　　附　　　录

第1部分 实验基本知识

第1章 生物化学实验室 规则和实验报告的书写要求

一、生物化学实验室规则

1. 实验课前要认真预习实验内容，熟悉本次实验的目的、原理、操作步骤，了解每一操作步骤的作用及所用仪器设备的基本使用方法，做好实验设计。

2. 实验课上，自觉遵守课堂时间，不迟到，不早退，自觉维护课堂秩序，必须穿白大衣进行实验，认真完成实验课内容，禁止大声谈笑，实验室内严禁吸烟和吃东西。

3. 教师讲解时要认真听讲，不要提前进行实验操作，待教师讲解完后，严格地按操作规程完成实验。

4. 实验过程中，实验台面必须保持整洁，仪器、药品摆放要井然有序；使用药品、试剂和各种耗材时注意节约，勿使试剂、药品洒在实验台面和地上；应特别注意药品的纯净，严防混杂；在使用公用试剂后，应立即盖严放回原处。

5. 使用仪器时，必须严格遵守操作规程，精心使用和爱护仪器，服从教师指导。如果发现故障和损坏须立即报告教师，并填写损坏仪器登记表，不得擅自动手检修。

6. 实验过程中要注意安全，使用乙醇、丙酮、乙醚等易燃品时不能直接加热，必须远离火源操作和放置。实验完毕，应立即关好煤气阀和水龙头，离开实验室前必须认真进行检查，以防发生事故。

7. 废液可倒入水槽内，同时放水冲走。强酸、强碱溶液必须先用水稀释。废纸屑及其他固体废物和带渣滓的废物应倒入废品缸内，严禁倒入水槽或到处乱扔。

8. 实验过程中应把观察到的实验结果和数据及时、准确、简要地记录在实验记录本上，以便实验结束后进行讨论和分析，并完成实验报告。

9. 实验完毕后，应认真洗涤使用过的玻璃器皿。洗涤时要小心仔细，严格按照操作程序进行，防止损坏。实验台面要擦拭干净，实验物品要摆放整齐，经教师检查同意后，方可离开实验室。

10. 实验室内的一切物品，未经责任教师批准，严禁带出室外，借物必须办理登记手续。

11. 每次实验课由班长或课代表负责安排值日生轮流值日。值日生应负责当天实验室的卫生、安全和一切服务性的工作。值日生完成值日后，离开实验室以前，要认真进行检查，注意检查"水、电、气"是否关好，填写值日生记录、仪器使用记录及实验室使用记录。

二、实验报告的书写要求

实验结束后，应及时整理和总结实验结果，进行讨论和分析，并完成实验报告。完整的实验报告应包括实验名称、实验日期、实验目的、实验原理、操作步骤、实验结果、讨论、结论等。

实验目的、实验原理和操作步骤等项只要求作简明扼要的叙述，不必也不应将《实验指导》原封不动地抄录一遍，可用简单的语言进行总结概括或画出实验操作的流程图。但注意对实验条件、操作要点等涉及实验成败的关键环节做清楚的描述。

实验结果包括记录实验中观察到的现象、原始数据及根据实验要求整理、归纳数据后进行计算的过程及结果。原始数据应准确、简练、详尽、清楚，不能夹杂主观因素，在定量实验中观测的数据，如称量物的质量、滴定管的读数、光密度值等，应设计一定的表格，依据仪器的精确度记录有效数字。实验结果可以各种图表（如标准曲线图等）来呈现。

讨论部分是书写实验报告的重点部分，要注意讨论不是对结果的重述，而是对实验结果、实验方法和异常现象进行探讨和评论，以及对实验设计的认识、体会及建议，注意一定要结合自己的实验结果进行讨论分析，并且要充分利用已学过的知识进行详细分析。

实验报告一般要有实验结论。结论要简单扼要，以说明本次实验所获得的结果。

第 2 章 实验基本操作

大部分生物化学实验是由各种常用基本操作组成的，包括实验准备时玻璃仪器洗涤、实验过程中试剂的量取和液体的混匀等。这些操作虽然看似简单，但在很大程度上是决定实验成败的关键。因此，在进行生物化学实验前，必须有意识地加强这些实验基本操作的练习。

一、玻璃仪器的洗涤与干燥

在生化实验中，量取和盛装试剂时要使用到各种玻璃仪器，所使用的玻璃仪器是否清洁和干燥是获得准确结果的重要一环。有时会因为玻璃仪器的不清洁或被污染而造成实验误差，甚至出现相反的实验结果。因此，玻璃仪器的清洁是实验准备时的重要工作之一。实验中要使用的玻璃仪器必须是清洁和干燥的，内外壁应十分明亮光洁，清洗后将玻璃仪器倒置，不应在器壁上挂有水珠，否则表示尚未洗净，必须重新洗涤。洗涤干净之后要进行干燥，只有干燥后的清洁玻璃仪器才能用于实验研究。一般玻璃仪器的洗涤通常包括使用自来水和去污剂常规洗涤、蒸馏水洗涤、干燥备用等基本步骤。如果是用于分子生物学和细胞培养等实验的玻璃仪器，在洗涤干燥后还要经过重铬酸钾 - 浓硫酸清洁液浸泡，自来水洗涤 10 次以上，蒸馏水冲洗 2～3 次，通常还要用去离子水冲洗 2～3 次。

（一）新购置玻璃仪器的洗涤方法

新购置玻璃仪器表面常附有游离的碱性物质及污泥，首先使用肥皂水或洗涤剂进行洗刷，再用自来水冲洗干净，干燥后浸泡在 1%～2% 的稀盐酸溶液中过夜（不少于 4 h）后，再进一步洗涤，最后用蒸馏水冲洗内壁 2～3 次，进行干燥备用。注意：浸泡时要把器皿完全浸入，器皿内不能留存空气。

（二）使用过的玻璃仪器的洗涤方法

1. 一般玻璃仪器的洗涤方法

凡能用毛刷刷洗的玻璃仪器（如试管、烧杯、锥形瓶、量筒等），首先使用自来水洗刷，用毛刷蘸取洗衣粉（洗涤剂或去污粉）将玻璃仪器内外壁（特别是内壁）仔细刷洗干净，不留死角，刷洗时用力要轻，忌用粗糙的工具抠、刮，防止损伤玻璃仪器。然后用自来水冲洗干净，再用蒸馏水冲洗内壁 2～3 次，最后倒置于仪器架上自然晾干后备用。

2. 不能用毛刷刷洗的精密量器的洗涤方法

凡不能用毛刷刷洗的精密量器（如容量瓶、滴定管、刻度吸管等），应先用自来水冲洗，沥干，再用重铬酸钾 - 浓硫酸清洁液浸泡 4～6 h（或过夜），从清洁液中取出沥干后，用自来水冲洗干净，最后使用蒸馏水冲洗 2～3 次，倒置于量器架上自然干燥后备用。

3. 比色皿的洗涤方法

清洗石英和玻璃比色皿时应注意不能使用强碱，因为强碱会腐蚀抛光的比色皿。首先使用 1%～2% 的去污剂浸泡，然后用自来水冲洗，如果内壁有不易清洗的污物，可以使用一支绸布包裹的小棒或棉棒刷洗，这样效果会更好，清洗干净的比色皿也应内外壁不挂水珠，倒置于滤纸上进行干燥。

4. 盛装过有传染性样品的玻璃仪器的洗涤方法

盛装过病毒、传染病患者血清、培养细菌等有传染性样品的玻璃仪器，在清洗之前要进行高温高压消毒，再按常规程序进行清洗。

（三）玻璃仪器的干燥

生化实验中用到的玻璃仪器清洁后，通常置于110～120℃烘箱或烘干机中进行干燥。

（四）重铬酸钾 - 浓硫酸清洁液的配制

生化实验清洗玻璃仪器时常用重铬酸钾 - 浓硫酸清洁液浸泡玻璃仪器。目前已确定铬对人体具有致癌作用，因此配制和使用该清洁液时要极为小心。

（1）配方

强酸（浓液）配方：

重铬酸钾（化学纯）63 g　双蒸水　200 mL　浓硫酸（化学纯）　1000 mL

中强液配方：

重铬酸钾（化学纯）120 g　双蒸水　1000 mL　浓硫酸（化学纯）　200 mL

弱酸（稀液）配方：

重铬酸钾（化学纯）100 g　双蒸水　1000 mL　浓硫酸（化学纯）　100 mL

（2）最常用的是中强液。将重铬酸钾溶解在双蒸水中，慢慢加入浓硫酸，边加边搅拌，配好后，储存于广口的玻璃瓶内，盖紧塞子备用。应用此液时，器皿必须干燥，切忌带入大量还原物质，这样可应用多次，直至溶液呈绿色时，表明其失效。

二、吸量管的使用

（一）吸量管的种类

吸量管（简称吸管）是生化实验中最常用的吸量一定体积液体的玻璃量器，一般可分为单刻度吸量管（包括奥氏吸管和移液吸管）和多刻度吸量管两大类（图1），其中第一类单刻度吸量管目前不常用，因此主要学习多刻度吸量管的使用。

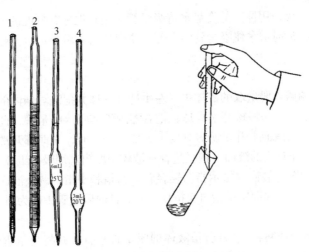

图 1　吸量管的种类和使用

1 和 2. 多刻度吸量管；3. 移液吸管；4. 奥氏吸管

1. 单刻度吸量管

单刻度吸量管仅在吸管的上端有一条总量的刻度线，使用时只能量取全量。该吸量管比多刻度吸量管准确度大，可供准确量取一定体积的溶液。单刻度吸量管包括奥氏吸管和移液吸管。

（1）奥氏吸管：它的中下部有一突出的橄榄形的球泡，下端有一短小的出口。在同一容量的各种类吸量管中，奥氏吸管的内表面积最小，吸管内壁黏附的溶液也最少，故准确度最高，适用于量取黏稠度较大的液体。可准确量取 3 mL、2 mL、1mL、0.5 mL 等体积。在使用时，应注意缓慢控制液体的流出速度，待液体流完后，将奥氏吸管尖端靠容器内壁，吹出残留在其尖端的液体。

（2）移液吸管：该种吸管外形与奥氏吸管相似。多用于量取用量较大的标准溶液，可准确量取 50 mL、25 mL、10 mL、5 mL 等体积。放液时让管内液体自然流出，待液体流完后，将移液吸管尖端在容器内壁上继续停靠 5 s，同时转动吸管，不吹出其尖端残留液体。

2. 多刻度吸量管（简称刻度吸管）

多刻度吸量管是生化实验中使用最广泛的一种吸量管，其准确度较高。常用的有 10 mL、5 mL、2 mL、1 mL、0.5 mL、0.1 mL 等规格，因生产厂家的不同，刻度吸管的刻度标记方法也有所不同，但一般可分为吹出式和流出式两种类型。

（1）吹出式：此种刻度吸管的上端一般都标注有"吹"字，一般容量较小，都在 1 mL 以下，在使用时必须将刻度吸管尖端残留的液体吹入容器内。

（2）流出式：此种刻度吸管的刻度有两种表示方法：一种为上有零刻度，下无总量刻度；另一种为上有总量刻度，下无零刻度。此类刻度吸管分为慢流速和快流速两种。慢流速吸管分为A级与B级，而快流速吸管只有B级，在吸量管上都注有A或B。使用时，当刻度吸管内液体流完时，让吸管尖端紧靠在管壁上，A级停留 5 s，B级停留 3 s，同时转动吸管，最后吸管尖端残留的液体不应吹出。

（二）刻度吸管的使用方法

上述两类吸管虽有不同之处，但其操作规程是相同的，具体使用方法如下。

1. 选择吸量管

首先要看清吸量管的刻度情况，然后再根据要量取的液体体积选择适当容量的吸量管，一般选择最大容量等于或略大于所需要量取液体体积的吸量管。

2. 正确拿持吸量管

选择好吸量管后，要采用标准的姿势拿持吸量管。注意把标有刻度的一面朝向操作者，以便读取刻度。用右手中指和拇指拿住吸量管的上部，要保证右手示指可以按住吸量管的上口，左手持洗耳球。

3. 量取液体

右手把吸量管尖端插入要量取的液体中，左手持洗耳球并把洗耳球内的气体排出，把洗耳球的下口堵住吸量管的上口，缓慢松开洗耳球，把容器内液体吸入吸量管，此时要注意控制液体上升的速度，不要过快，当液面上升至所需刻度上方 2~3 cm 时，立即挪开洗耳球，用右手示指按住吸量管上管口，以稳住管内的液面，把吸量管从液体中取出。用吸水纸擦干管外壁所附着液体。再以管尖端接触容器内壁，慢慢放松示指，轻轻转动拇指和中指，调整液面至所需刻度，即液面与所需刻度处于相切位置，立即用示指再次按住上口，此时吸量管中即为所需要量取体积的液体。

4. 释放液体

将需加入液体的容器倾斜、盛有所量液体的吸量管垂直，并将吸量管管尖与容器内壁靠紧（图 1），松开示指让液体流出。放液后吸管尖端残留的液体是吹出或不吹出，视选用吸量管种类的要求而定。如果需要吹的则用洗耳球将其吹出，如果要求不吹的则让吸管尖端停靠容器内壁

（吸管是 A 级停留 5 s、B 级停留 3 s），同时转动吸管并移开。

三、移液器的使用

在生化实验中，有时需要重复量取和转移微量液体，这时再使用传统刻度吸管比较笨拙，效率也低。而移液器使微量液体的量取和转移操作轻松、快速和准确。移液器主要用于多次重复的快速定量移取微量液体，使用时只需一手操作，十分简便。

（一）移液器的种类

目前，移液器的主要发展趋势为精确度越来越高，种类越来越多。移液器根据其量程是否可调分为：固定量程移液器和可调量程移液器。固定量程移液器是指量程不可调节且用于量取固定容量液体的移液器，多用于要求较高的比较精确的微量化学分析，常用的有 100 μL、200 μL 和 1000 μL 等几种规格；而可调量程移液器的移液量程是可以调节的，一般包括 0.1～1 μL、0.2～20 μL、10～100 μL、20～200 μL、100～1000 μL 等多种规格。另外，移液器还可以根据量取液体的通道数量分为：单道移液器和多道移液器，多道移液器又分为 8 道和 12 道等，多道移液器常用于酶联免疫分析（ELISA）实验的液体量取。目前除传统的手动移液器外，还有电动移液器。

（二）移液器的基本原理

移液器的设计依据的是胡克定律，该定律是指在一定限度内弹簧的伸展长度与其弹力成正比，因此移液器内的液体体积与移液器内的弹簧弹力是成正比的。移液器在工作时是通过按动活塞来推动弹簧的伸缩以实现吸液和放液的。使用移液器时，首先通过活塞的推动，排出内部部分空气，然后在大气压作用下吸入液体，最后再由活塞推动空气排出液体。移液器中的弹簧具有伸缩性，因此在移液器使用时要配合弹簧的这个特点来进行操作，这样才能很好地控制移液的速度和力度。

（三）移液器的基本结构

虽然移液器的种类有很多，但是生化实验中最常用的是可调量程移液器，在此主要介绍这种移液器的结构和配件（图 2）。移液器主要是由移液控制按钮、手柄和移液杆 3 部分构成，在手柄上还有容量显示窗、容量调节旋钮、卸吸头按钮和指托等。有的移液器的移液控制按钮兼具容量调节旋钮的作用。手柄上一般还标有该移液器的量程范围。移液杆的下端有吸头接嘴，使用时插入吸头。

移液器在使用时还需要一些配套的配件，如移液器架、吸头和吸头盒等。其中，吸头是移液器非常重要的配件之一，可以说是移液器的重要组成部分，每种移液器在使用时，都配有专用的聚丙烯塑料吸头。吸头一般分为三种类型：100～1000 μL（蓝色）、20～200 μL（黄色）、0.1～10 μL（无色）。吸头必须具有热力学和化学稳定性，无污染的特点。一般吸头在使用前应在 121℃下消毒 20 min。吸头通常是一次性使用，也可以经过超声清洗后重复使用。

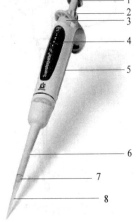

图 2　移液器的结构
1. 移液控制按钮；2. 容量调节旋钮；3. 卸吸头按钮；4. 容量显示窗；5. 手柄；6. 移液杆；7. 吸头接嘴；8. 吸头

（四）移液器的使用方法

在使用移液器移取水、缓冲液、稀释的盐溶液和酸碱等溶液时，一般应按照以下标准操作步骤进行。

1. 选择合适量程的移液器

根据所量取的液体体积，选取 1 支合适量程的移液器。选择时要注意量程范围，不要用较大量程的移液器移取较小体积的液体，以免影响准确度。例如，需要量取 0.5 μL 的液体时，有 0.1～1 μL 和 0.2～20 μL 两种量程的移液器，应首先选择前者。

2. 设定移液体积

转动移液器的容量调节旋钮（有的移液器顶部的移液控制按钮兼有该作用），并注意观察容量显示窗的数值，进行移液体积的设定。顺时针方向转动该旋钮可增加移液体积，逆时针方向转动旋钮可减少移液体积。当从大体积调节至小体积时，只需逆时针旋转至所需刻度即可，但是从小体积调节至大体积时，需要先顺时针调至超过设定体积的刻度，再回调至设定体积，这样可保证最佳的精确度。

观察容量显示窗时，要注意数值的位数和小数点的位置，有的移液器手柄上有小数点标记或用短线进行标记，有的用红色数字表述小数点后数值。确认所要求的移液体积调整到位，并完全显示在手柄的容量显示窗内的可见位置。不能将设定的移液体积超出该移液器标定的移液范围，过度用力试图把按钮转至额定范围之外将造成机械件卡死，最终导致移液器的损坏。

3. 装配移液器吸头

在装配吸头时，注意选择与移液器匹配的吸头。对于单道移液器，将移液器吸头接嘴尖端垂直插入吸头盒内的吸头，左右微微转动，上紧即可；多道移液器在装配吸头时，要将移液器的第一道对准第一个吸头，逐渐倾斜插入，前后轻轻摇动上紧。注意吸头插入后略超过 O 形环即可，并可以看到连接部分形成清晰的密封圈。严禁在使用移液器时，用力撞击吸头，如果用力过猛，将导致吸头难以脱卸，而且如果长期这样操作会导致移液器的零件损坏。

4. 吸取液体

右手握住移液器手柄（图 3），拇指按下移液控制按钮，把按钮压到第一停点位置，将移液器吸头置于液面下 1 cm 左右，并慢慢松开按钮，控制好弹簧的伸缩速度，吸入液体，注意速度要慢，防止有气泡产生。在正式吸液之前，可以先吸放几次液体以润湿吸头。待吸头吸入溶液后，将吸头撤出液面并倾斜贴在试剂瓶壁上淌走多余的液体。当量取液体体积较少时，如做 PCR 实验时，试剂盒中 DNA 聚合酶的总体积不超过 50 μL，需要量取的体积有时只有 0.25 μL，这时吸头不要插入过深，浸入过深的话，液压会对吸液的精确度产生一定的影响；并且因为酶的制剂比较黏稠，会附着在吸头外部，影响量取液体体积的准确性，同时也会造成试剂的浪费。因此只需把吸头接触到液面，进行吸取即可。

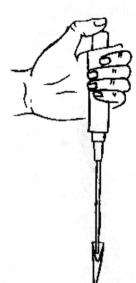

在量取黏稠或易挥发液体时，按照上述操作方法容易导致体积误差较大。因此为了提高移液的准确性，可以在移液前先反复吸入释放要移取的液体几次，预湿吸头内部，并且吸入液体或释放液体时最好多停留几秒。也可以采用反相移液法：吸液时先将移液控制按钮按到第二停点位置，然后缓慢松开移液控制按钮，释放液体时按到第一停点位置，部分液体残留在吸头内。

5. 释放液体

图 3　移液器的使用

左手拿住盛装液体的容器，略倾斜 10°～20°，移液器吸头尖端靠在容器内壁上，拇指缓慢按动移液控制按钮到第一停点位置，停止 1～2 s，然后继续按动移液按钮到第二停点位置，把吸头中的全部液体排入容器中，一直按住移液控制按钮取出移液器。松开按钮使之返回起始点位置。

6. 退出吸头

把移液杆正对着废物接收容器，然后用大拇指按住卸吸头推杆，即可安全推出吸头。

7. 收放

把移液器容量调节到最大容量，挂在移液器架上。

（五）移液器使用注意事项

（1）按下和松开移液控制按钮时要循序渐进，尤其是在移取高黏度的液体时，决不允许让移液控制按钮急速弹回，以防将溶液吸入过快而冲入移液器内，腐蚀柱塞而造成漏气。

（2）移液前应确保洁净的吸头牢固地装进移液器的吸头接嘴上，并且吸头内无外来颗粒。

（3）当移液器不用时，调至最大容量，应竖直搁置，也可以放在移液器架上。

（4）每天工作前应检查移液器外表面是否有灰尘和污物，特别需注意移液器吸头接嘴处，除使用 70% 乙醇溶液外，不应用其他溶剂清洁移液器。

四、液体的混匀

在生化实验中，在配制试剂或建立化学反应时，经常要把多种试剂混合到一起，因此容器中先后加入的几种试剂能否充分混匀往往是实验成败的关键之一。一般液体的混匀可以采用以下几种方法。

1. 旋转法

用右手的掌心顶住试管口，五指拿紧试管，利用腕力使试管向同一方向做圆周运动，使管内液体形成旋涡，从而混匀。这种方法一般在试管中液体较多或使用小口器皿盛装液体时使用。

2. 甩动法

右手持住试管上部，将试管轻轻甩动振摇进行混匀。这种方法适用于试管中液体较少时。

3. 弹敲法

右手持住试管上部，将试管的下部在左手掌心上轻轻进行弹敲，进行混匀。如果使用的是微量离心管，把离心管管盖盖紧，左手持住离心管的管盖与管体连接处，右手轻轻敲弹管壁，进行混匀。如有液体粘到管壁上，可以进行短时间离心使其集中到管底。

4. 吸管混匀法

使用清洁的吸管将溶液反复吸放数次，使溶液充分混匀。也可以使用移液器反复吸放数次进行混匀。成倍稀释某种液体往往采取此法。

5. 旋涡混匀器混匀法

将需要混合的液体装入容器内，盖紧盖子，手持容器放在旋涡混匀器的工作台上，打开开关即可混匀。

第3章 实验样品的制备

在生物化学实验中，无论是进行物质含量的分析还是探索物质代谢的过程，均需利用特定的生物样品。而且由于不同实验的具体要求，往往需要将获得的样品预先做适当处理。在实验样品采集、处理和制备过程中多方面影响因素直接决定了实验结果的可靠性，因此掌握实验样品的正确处理和制备方法是保证生物化学实验顺利进行的先决条件。

可用于生物化学检测的实验样品很多，常用的有血液、尿液和组织样品等。此外，脑脊液、组织液、羊水、细胞等也可以作为生化标本进行检测分析。以下介绍几种常见实验样品的制备方法。

一、血液样品的制备

血液中某些化学组成容易受到饮食和药物的干扰，有些成分在不同的时间其含量可能有较大变化，因此血液标本的采集应根据具体实验的需要，考虑饮食、药物和采集时间等因素。另外，取血液样本时，应避免溶血；当肢体正在进行静脉输液时，不宜由同一静脉采集标本；收集完毕的标本，应及时进行检测以避免某些化学成分发生变化，有时可能需要加特殊的保存剂或需置冰箱内保存。

常见的血液样品包括全血、血浆、血清和无蛋白血滤液。以下分别对其制备进行简要介绍。

（一）全血

动物或人体血液的收集需注意两点：一是采血的器具必须是清洁干燥的；二是要加入适当的抗凝剂，并及时将血液与其充分混匀，以防止血液凝固。采集到的全血如不能立即用于实验，应立即置4℃冰箱中保存。

常用的抗凝剂有草酸盐、柠檬酸盐、氟化钠或肝素等，可根据实验的需要进行选择。一般情况下，使用草酸盐即可，价格便宜，但是在血钙浓度的检测中不宜使用；进行血糖浓度测定时往往使用氟化钠，因为氟化钠除具有良好的抗凝效果外，兼有对酶的抑制作用，抑制血糖分解，可保证检测结果的准确性，但是不适用于淀粉酶、转氨酶、磷酸酶等酶活性的测定；肝素是非常有效的抗凝剂，可以抑制整个凝血过程，防止血小板的破坏，阻止血液凝固，常用于血气分析时全血的收集，但是由于其价格较贵，尚不能普遍应用。

抗凝剂用量不宜过多，通常用量如表1所示。

表1　常用抗凝剂及其用量

抗凝剂种类	每毫升血液抗凝剂用量（mg）	抗凝剂种类	每毫升血液抗凝剂用量（mg）
草酸盐	1～2	氟化钠	5～10
柠檬酸钠	3～5	肝素	0.01～0.2

抗凝剂使用前最好先配成适当浓度的水溶液，按需要量加到待盛血的容器中，将容器横放蒸干（肝素不宜超过30℃），使之在容器内壁形成一层薄膜，使用时较为方便，效果也好。

（二）血浆

上述制得的全血置于离心机中离心，使血细胞下沉，取上清部分即为血浆。血浆制备过程中应尽量避免产生溶血，采血所用的器具和容器（针头、注射器、试管等）皆需清洁干燥，并尽可能少振摇。质量上乘的血浆应为淡黄色。

（三）血清

收集的全血若不加抗凝剂，室温下 5～20 min 即自行凝固，所析出的草黄色液体即为血清。制备血清时，凝固的血块收缩析出血清，大约需要 3 h。为了使其尽快析出，可用离心的方法缩短分离时间（转速 3000 r/min），并且可得到较多的血清。制备血清也要避免发生溶血，一方面采血所用的器具和容器需清洁干燥，另一方面要注意不要放置过久，尽快分离以免血清成分发生变化。若血清粘着容器壁过紧，不易分离，可用干净的细玻璃棒轻轻剥离。

（四）无蛋白血滤液

生物化学实验中，蛋白质的存在会干扰血液内某些物质的测定结果，如血液中的葡萄糖、非蛋白氮、尿酸、肌酸等。所以通常需要将其中的蛋白质去除，即制备成无蛋白血滤液，再进行分析测定。通常采用使蛋白质沉淀的方法制备无蛋白血滤液。常用的蛋白质沉淀剂有钨酸、三氯乙酸以及氢氧化锌等，可根据不同的需要加以选择。

全血中加入蛋白质沉淀剂并充分混匀后，进行离心或过滤，所得的上清液或滤液，即为无蛋白血滤液。以钨酸为蛋白沉淀剂制备的无蛋白血滤液，常用于肌酐、血糖等成分的测定；用三氯乙酸沉淀蛋白质，所得到的血滤液呈酸性，利于钙磷的溶解，因此在测定血清离子含量时多被采用。

二、尿液的收集

尿液中含有多种代谢产物，对于尿液中某些物质的测定可以反映相关化学物质在体内的含量以及代谢状况。但是，尿液中的物质含量，往往随着进食、饮水、运动及其他生理变化有所变动。对于一般定性实验随时收集尿液即可。若做定量分析，通常要收集 24 h 的全部尿液并量准体积。具体的收集方法是：首先排出体内残余尿液并记录时间，开始收集到次日同一时间的最后一次尿液在内的全部尿液，并置于有盖的清洁容器内，混合后，量出尿液总体积，并记录，而后取适量混合后的尿液进行测定。

收集的尿液如不能及时测定，为防止尿液变质，必要时可加入适当的防腐剂，如甲醛、甲苯（二甲苯）、盐酸、麝香草酚等。防腐剂的加入应视检验的目的而定，然后放置在 4℃ 冰箱中保存。

1. 甲醛

适用检测管型细胞。一般每升尿液加 0.5 mL 的 400 g/L 甲醛。由于甲醛具有还原性，不适于尿糖等化学成分检查。

2. 甲苯

此为尿液生化检验最好的防腐剂。每升尿液内加入 10 mL 甲苯，使其在尿液表面形成薄膜，从而防止细菌繁殖，并避免尿液中各种化学物质分解变质。做尿液总氮、非蛋白氮、尿糖、尿素、尿酸、肌酐、肌酸、氯化物、钾及钠等测定，用甲苯防腐最好。

3. 盐酸

适用于儿茶酚胺、钙等的测定。每升尿液内加入浓盐酸 5 mL，使尿液保持酸性，防止细菌生长而使尿液变碱分解腐败。尿液中一些化学物质在酸性环境中稳定，不致分解变质。

4. 麝香草酚

用于检测尿中化学成分及细菌的防腐剂，每升尿液的加入量低于 1.0 g。

如需收集动物尿液，可将动物养于代谢笼中，其排出的尿液经笼下漏斗流入瓶中进行收集。

实验后的尿液标本必须经过处理后才能排放入下水道内，所有尿瓶及试管等须经 30～50 g/L 的漂白粉澄清液或 10 g/L 次氯酸钠溶液浸泡 2 h，也可用 5 g/L 的过氧乙酸溶液浸泡 30～60 min，再用清水冲洗干净。

三、组织样品的制备

生物化学实验中，无论是研究各种物质的代谢途径和酶系的作用，还是从分子水平上研究某些基因的表达状况，经常利用离体组织作为标本。但是，由于组织离体后很快会发生一些变化，比如组织内一些物质如糖原、ATP 等离体后短时间内会发生一定量的分解，某些蛋白质久置于室温会变性失活，因此，利用离体组织做代谢研究或作为提取材料时，必须迅速将其取出，尽快提取或测定，整个过程应在冰冻条件下进行。

组织样品的一般制备过程：处死动物后，迅速取出实验所需的脏器或组织，置于冰冷的生理盐水内，去除外层的脂肪及结缔组织后，用冷生理盐水漂洗几次以去除血液及其他内容物，必要时也可用冷生理盐水灌注脏器以洗去血液，最后用滤纸吸干，即可作实验之用。取出的脏器或组织，称量后，可根据不同的实验目的，用以下方法制成不同的组织样品。

1. 组织糜

将组织迅速剪碎，用捣碎机绞成糜状或于研钵中研磨至糊状（可根据需要加入液氮帮助研磨）。

2. 组织匀浆

将一定量的新鲜组织剪碎，加入适量匀浆制备液，用高速电动匀浆器或者玻璃匀浆器研磨组织。由于匀浆器的杆在运转中会产生热量，因此需将匀浆器置于冰盒内，在低温条件下进行匀浆制备。常用的匀浆器制备液有生理盐水、PBS 缓冲液和 0.25 mol/L 的蔗糖液等，可根据具体的实验进行选择。

3. 组织浸出液

将组织匀浆置于离心机内离心分离出的上清液即为组织浸出液。

第4章 常用的实验方法与技术

第1节 分光光度法

　　光是一种电磁波，当光通过透明溶液介质时，部分光会被吸收，这种光被溶液吸收的现象可用于某些物质的定性及定量的测定。利用物质具有特征性的吸收光谱，测定被测物质溶液在特定波长处或一定波长范围内光的吸收度，对其进行定性和定量分析的方法称为分光光度法。分光光度技术在医药研究、环境监测、农业等各领域都有十分广泛的应用，可进行定性分析、定量分析、纯度分析和结构分析等。在医药研究中，主要用于临床分析、疾控分析、生命领域的微量样品测定、人体生化指标分析、代谢产物分析和药品分析等。

一、分光光度技术的基本原理

　　光是由光子组成的，光线是高速运动的光子流。和其他电磁波一样，传播性质呈波动性质，有波长和频率的特征。光子的能量与频率成正比，与波长成反比。其中波长 390～780 nm 的光为可见光，波长 10～400 nm 的为紫外光，波长 760 nm～1 mm 的为红外光。具有同一波长的光称为单色光，具有不同波长的光称为复合光。例如，日光是由红、橙、黄、绿、青、蓝和紫等七色光组成的白光，就属于复合光。当一束白光通过某物质溶液时，如果溶液不吸收其中的光，则呈无色透明；如果溶液能够吸收某波长的光，则呈现出被吸收光的互补色。有的溶液能够吸收紫外光，如核酸和蛋白质溶液等。

　　分光光度技术能够进行物质的定量分析，其依据的基本原理是 Lambert-Beer 定律。该定律阐明了溶液对单色光吸收的程度与溶液的浓度及液层厚度之间的定量关系。

　　当一束平行的单色光通过某有色溶液时，一部分光被吸收，一部分则透过该溶液，一部分被比色皿的表面反射。在测定时，由于采用相同质地的比色皿，反射光的强度基本相同，所以其影响可以不予考虑。

　　设光原来的强度即入射光强度为 I_0，吸收光强度为 I_a，透射光强度为 I_t，则 $I_0 = I_a + I_t$。透射光强度与入射光强度之比表示光线透过溶液的程度，被称为透光度（transmittance），用 T 表示：

$$T = \frac{I_t}{I_0}$$

　　透光度越大，溶液对光的吸收程度越小；反之，透光度越小，溶液对光的吸收程度越大。透光度的负对数称为吸光度（absorbance），用 A 表示，亦称光密度（optical density，OD）：

$$A = \lg(1/T)$$

　　溶液对光的吸收程度除了与溶液本身的性质有关外，还与入射光波长、溶液的浓度、液层厚度及温度等有关。Lambert 和 Beer 两位科学家分别研究了吸光度（A）与液层厚度（L）和溶液浓度（c）之间的定量关系。1760 年 Lambert 研究了物质对光的吸收与液层厚度的关系，提出了 Lambert 定律：当一束单色光通过透明溶液介质时，由于其中一部分光会被溶液吸收，所以光的强度就会减弱。当溶液浓度固定不变时，透过的液层越厚，则光的减弱越显著。即当一定波长的单色光通过某一固定浓度的溶液时，其吸光度（A）与光通过的液层厚度（L）之间成正比：

$$A = k_1 L$$

式中：k_1 与被测物质的性质、入射光波长、溶剂、溶液浓度及温度有关。

1852 年，Beer 提出了 Beer 定律：当一束单色光通过透明溶液介质时，溶液液层的厚度不变而溶液浓度不同时，溶液的浓度越大，则透射光的强度越弱，即当一定波长的单色光通过固定液层厚度的溶液时，其吸光度与溶液浓度之间成正比：

$$A = k_2 c$$

式中：k_2 与被测物质的性质、入射光波长、溶剂、液层厚度及温度有关。

如果把两个定律结合起来，同时考虑液层厚度和溶液浓度对光吸收的影响，即得到了 Lambert-Beer 定律，可以表示为

$$A = KcL$$

式中：K 为常数，称为消光系数，其物理意义——吸光物质在单位浓度及单位厚度时的吸光度，与入射光的波长、物质的性质及溶液的温度等有关。

在实际应用时，使用相同规格的比色皿，因此 L 是相同的，测定的溶液是同一种溶液，因此 K 也是相同的。在 K 和 L 相同时，溶液的吸光度（A）与溶液的浓度（c）成正比。因此可以通过测定溶液的吸光度进行物质浓度的定量测定。

二、分光光度法的应用

在应用分光光度法时，可以采用公式计算法和标准曲线法进行测定。

1. 公式计算法

在测定前首先要配制已知浓度的标准溶液，标准溶液和待测溶液是同一种溶液。然后通过公式推导进行计算。标准溶液的浓度为 $c_{标}$，标准溶液的吸光度为 $A_{标}$，测定溶液的浓度为 $c_{测}$，测定溶液的吸光度为 $A_{测}$，将它们代入 $A = KcL$ 公式，可以得到

$$A_{标} = Kc_{标}L$$

$$A_{测} = Kc_{测}L$$

把 KL 移到公式左边，A 移到右边，可以得到

$$KL = A_{标}/c_{标}$$

$$KL = A_{测}/c_{测}$$

可以看出，由于标准溶液和测定溶液为同一种溶液，因此 K 值相同，并且由于使用相同规格比色皿，L 值也相同，这样就可以得到

$$A_{标}/c_{标} = A_{测}/c_{测}$$

其中，$c_{标}$ 为已知的，$A_{标}$ 和 $A_{测}$ 可以通过分光光度计进行测定，因此

$$c_{测} = c_{标}A_{测}/A_{标}$$

把 $c_{标}$、$A_{标}$ 和 $A_{测}$ 代入上述公式即可计算出测定溶液的浓度 $c_{测}$。

2. 标准曲线法

分析大批待测溶液时，采用此法比较方便。首先配制一系列已知浓度的待测定物质的标准溶液，在相同条件下，分别向各标准溶液和待测溶液中加入试剂使其发生反应显色，如果待测定物质能够吸收紫外光，则不必显色，可直接测定。然后利用分光光度计测定各标准溶液和待测溶液的反应液的吸光度。首先配制一系列浓度由大到小的标准溶液，测出吸光度。在标准溶液的一定浓度范围内，溶液的浓度与吸光度之间呈直线关系。以各管的吸光度为纵坐标，各管浓度为横坐标，在方格坐标纸上做出标准曲线。在制作标准曲线时，起码用五种浓度递增的标准溶液，测出的数据至少有三个点落在直线上，这样的标准曲线方可使用。测定待测溶液时，操作条件应与制作标准曲线时相同，测定吸光度后，从标准曲线上可以直接查出其浓度。

三、分光光度计的基本结构

分光光度计的基本结构一般包括光源、单色器、比色皿、检测器和信号显示系统等 5 部分。首先由光源发出复色光，经单色器按选择的波长单色化后，通过盛装样品溶液及参比溶液的吸收池，其中一部分单色光被样品溶液吸收，而透射光经检测器的光电管将光强度转换为电信号输出，经系统放大后显示出吸光度的值。

1. 光源

分光光度计的光源在整个紫外光区或可见光谱区可以发射连续光谱，具有足够的辐射强度、较好的稳定性、较长的使用寿命。钨灯是最常用的可见光光源，发射波长范围为 320～2500 nm 的连续光谱，其中最适宜使用的波长范围是 320～1000 nm。氢、氘灯发射波长范围为 160～500 nm，其中最适宜的波长范围是 180～350 nm，是目前应用较多的紫外光区的气体放电光源。

2. 单色器

单色器是将光源发出的连续波长的光线分解成为单色光，并能够调节改变波长的光学装置，是分光光度计的核心部件。单色器主要由棱镜、光栅、入射和出射狭缝及一组反射镜构成。棱镜具有色散作用，即可以把含有不同波长的混合光根据折射率的不同而分开。光栅是利用光的衍射与干涉作用制成的一系列等宽、等距离的平行狭缝，分辨率比较高。现在一些分光光度计多使用棱镜和光栅组合的单色器。

3. 比色皿

比色皿是用来盛装待测溶液的容器。一般比色皿为长方体，其底和两个侧面为毛玻璃，另两个侧面为光学透光面。根据光学透光面的材质不同可以分为玻璃比色皿和石英比色皿两种，玻璃比色皿用于可见光的吸收测定，进行紫外光的吸收测定要使用石英比色皿。通常使用的比色皿光程为 1 cm，容量为 3 mL。在核酸和蛋白质的研究中，如果样品量比较少，可以选择微量比色皿。

比色皿的使用方法：在测定时，手指捏住比色皿的毛玻璃面，不要碰比色皿的透光面，以免沾污。清洗比色皿时，一般先用水冲洗，再用蒸馏水洗净。如比色皿被有机物沾污，可用盐酸 - 乙醇（1：2）混合洗涤液浸泡片刻，再用水冲洗。不能用碱溶液或氧化性强的洗涤液洗比色皿，以免损坏。也不能用毛刷清洗比色皿，以免损伤透光面。做完实验时，应立即洗净比色皿。比色皿外壁的水用擦镜纸或细软的吸水纸吸干，以保护其透光面。测定有色溶液吸光度时，一定要用有色溶液润洗比色皿内壁几次，以免改变有色溶液的浓度。另外，在测定一系列溶液的吸光度时，通常由稀到浓的顺序测定，以减小测量误差。

4. 检测器

检测器是将光的信号转换为电信号。常用的检测器有光电池、光电管、光电倍增管和光电二极阵列检测器等，目前应用比较广泛的是光电管和光电倍增管。

5. 信号显示系统

信号显示系统能够将检测器传出的信号放大，通过数字显示器或自动记录装置显示或记录下来。现在一些紫外分光光度计已经实现和计算机连接，实现了计算机测量控制、数据分析处理和打印结果，使工作效率大大提高。

四、常用分光光度计的使用方法

（一）721 型分光光度计的标准操作规程

721 型分光光度计是在可见光区域进行一般化学比色分析用的分光光度计，该仪器用卤钨灯作光源，光路系统采用自准式光路，单光束方法，波长范围为 360～800 nm，可分别测量透射比、

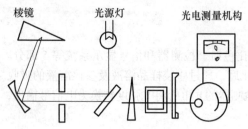

棱镜　　　　光源灯　　　　光电测量机构

准直镜　狭缝　反射镜　光挡　比色杯　光栅　光电管

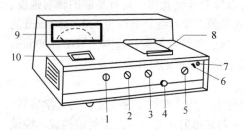

图 4　721 型分光光度计原理图及外形图
1. 波长选择钮；2. "0" 电位钮；3. "100" 电位钮；
4. 比色槽拉杆；5. 灵敏选择钮；6. 电源开关；7. 电源
　指示灯；8. 暗箱盖；9. 读数表；10. 波长读数窗

光密度。光密度范围为 0～2。其设计原理及仪器的外形如图 4 所示。

（1）检查仪器各部件是否正常，各旋钮是否位于起始位置。检查电源电压是否与仪器的要求相符。

（2）接通电源，打开比色槽暗箱盖 "8"。调解 "0" 电位钮，使电表指针位于透光度（T）为 0 处，预热 10 min。

（3）旋动波长选择钮 "1"，选择适当波长。用灵敏选择钮 "6" 选择相应的放大灵敏度（灵敏度选择钮先调 1 挡，如调不到 0，则再逐步增加至高挡）。

（4）取三只比色皿，分别装入空白液、标准液和测定液，依次放入比色槽内。盖上比色槽，将空白管置于光路上，调节 "100" 电位钮，使指针指到 $T=$ 100 处。打开比色槽盖使指针回到 "0" 处，再盖上比色槽盖看指针是否到 100 处，如此调节，此按钮就不可随意再动了。

（5）拉动比色槽拉杆，依次将标准液、测定液对准光路，分别读出吸光度数值。

（6）使用完毕后，将按钮恢复到起始位，切断电源。清洗比色皿，将其倒置于滤纸上晾干，以供下次使用。

（二）722 型分光光度计

722 型分光光度计是一种简便易用的分光光度计，在设计上采用了微电脑控制和光栅单色器技术，简化操作，灵敏度高，可广泛适用于医学卫生、临床检验、生物化学等方面的分析工作。

1. 预热

仪器开机后灯及电子部分需热平衡，故开机预热 30 min 后才能进行测定工作，如紧急应用时请注意随时调 0，调 100%T。

2. 调零

目的：校正基本读数标尺两端（配合 100%T 调节），进入正确测试状态；

调整时机：开机预热 30 min 后，改变测试波长时或测试一段时间，以及做高精度测试前。

操作：打开试样盖（关闭光门）或用不透光材料在样品室中遮断光路，然后按 "0%" 键，即能自动调整零位。

3. 调整 100%T

目的：校正基本读数标尺两端（配合调零），进入正确测试状态。

调整时机：开机预热后，更换测试波长或测试一段时间后，以及做高精度测试前（一般在调零前应加一次 100%T 调整以使仪器内部自动增益到位）。

操作：将用作背景的空白样品置于样品室光路中，盖下试样盖（同时打开光门）并按下 "100%T" 键即能自动调整 100%T（一次有误差时可加按一次）。

注：调整 100%T 时整机自动增益系统重调可能影响 0%，调整后请检查 0%，如有变化可重调 0%一次。

4. 调整波长

使用仪器上唯一的旋钮，即可方便地调整仪器当前测试波长，具体波长由旋钮左侧显示窗显示，读出波长时目光垂直观察。

5. 改变试样槽位置让不同样品进入光路

仪器标准配置中试样槽架是 4 个位置的，用仪器前面的试样槽拉杆来改变，打开样品室盖以便观察样品槽中的样品位置最靠近测试者的为 "0" 位置，依次为 "1" "2" "3" 位置。对应拉杆推向最内为 "0" 位置，依次向外拉出相应为 "1" "2" "3" 位置，当拉杆到位时有定位感，到位时请前后轻轻推动一下以确保定位正确。

6. 确定滤光片位置

本仪器备有减少杂散光、提高 340～380 nm 波段光度准确性的滤光片，位于样品室内部左侧，用一拨杆来改变位置。

当测试波长在 340～380 nm 内如做高精度测试可将拨杆推向前（见机内印字指示），通常可不使用此滤光片，可将拨杆置在 400～1000 nm 位置。

注：如在 380～1000 nm 波段测试时，误将拨杆置在 340～380 nm 波段，则仪器将出现不正常现象。（如噪声增加，不能调整 100%T 等）

（三）T6 新世纪紫外 - 可见分光光度计的使用方法

（1）开机自检：打开仪器主机电源，仪器开始初始化，约 3 min 初始化完成，初始化完成后自动进入主菜单界面。

（2）将光标移动到光度测量，按 Enter 键，进入光度测量界面。

（3）在光度测量界面状态，按 Start/Stop 键进入样品测定界面。

（4）设定波长：在样品测定界面按 Go to λ 键，进入波长设定界面，在 "请输入波长：" 后输入理想波长。

（5）进入设置参数：从上一界面按 Return 键返回主菜单界面，按 Set 键进入参数设定界面，按向下键使光标移动并做出相应设定。

（6）样品测定：由上一界面按 Return 键返回光度测量界面。打开机器盖，在第一样品池放入空白液，其余放入样品。盖好机器盖，按 Zero 键调零，按 Start/Stop 键开始测量。

（7）测量完毕，按上下键读出各组数值。

（8）用完机器后，按 Return 键返回到主菜单界面，关闭电源。

（四）分光光度计的操作注意事项

（1）仪器使用过程中应注意不要将溶液遗洒在外壳上，如果不小心将溶液遗洒在外壳上，请立即用湿毛巾擦拭干净，禁止使用有机溶液擦拭。在使用前和使用后检查试样室中是否有遗漏的溶液，如果有请立即擦拭干净，以防止溶液蒸发后腐蚀光学系统，造成仪器测量结果产生误差。

（2）应保持比色皿匹配、清洁，用蒸馏水清洗。比色皿外壁的水和溶液可用吸水滤纸擦干，再用镜头纸擦干，严禁置于烘箱、电炉上或火焰上烘干。比色皿不能用碱溶液或氧化性很强的洗涤液洗。更不能用毛刷刷洗。

（3）比色杯为石英制品，价格昂贵，应轻拿轻放。拿捏比色杯时，应用手指拿比色杯的毛玻璃的两侧，以免弄脏比色杯，造成读数不准。

第 2 节 电泳技术

电泳是指带电颗粒在电场中移动的现象。很多重要的生物分子，如蛋白质、核酸、氨基酸、核苷酸等，都具有可以解离的基团，在溶液中能够形成带电荷的颗粒，因而在电场的作用下会发生移动。各种分子的结构、性质、大小、形状及其所带净电荷的多少不同，在电场中移动的速度不同，因此通过电泳能够将混合物中的各种分子根据大小、形状和电荷多少不同而分离开。因电泳技术具有操作简便、速度较快、实验设备要求不高的特点，已经成为生物技术实验室的一项基本技术。电泳实验时需要使用的仪器包括电泳仪电源、电泳槽和配件及凝胶成像分析系统等。

一、电泳技术的基本原理

由于不同物质带电性质不同，因而在一定的电场强度下的移动速度不同。不同的带电颗粒在同一电场中泳动速度不同，常用泳动度（或迁移率）来表示。即

$$u = \frac{V}{E} = \frac{d/t}{v/l} = \frac{dl}{vt}（cm^2/（V \cdot s）或 cm^2/（V \cdot min））$$

式中：u 为迁移率；v 为颗粒的泳动速度（cm/s 或 cm/min）；E 为电场强度或电势梯度（V/cm）；d 为颗粒泳动距离（cm）；l 为支持物的有效长度（cm）；V 为加在支持物两端的实际电压（V）；t 为通电时间（s 或 min）。通过测量 d、l、v、t 便可计算出颗粒的迁移率。

在电泳过程中，带电粒子的移动速度 v 除与粒子所带电荷量 Q 及电场强度 E 有关外，还与粒子半径 r 及介质的黏度 η 有关：

$$v = \frac{E \cdot Q}{6\pi r\eta}$$

6π 是适用于球形带电粒子的经验数值，对椭圆形或半径很大的粒子则数值有所不同。可见，带电粒子的移动速度和粒子的本身的性质有密切关系，粒子表面所带电荷量和物质的组成结构有密切关系。此外，粒子的大小（相对分子质量）及粒子的形状等也有重要的影响。所以，在一定的电场强度下，不同种类的带电物质在电泳时的移动速度就不能完全一致，这种移动速度的差异就是电泳技术的基本依据。

迁移率会受到三种因素的影响：①带电颗粒本身的性质，如颗粒所带净电荷量、颗粒的大小和颗粒的形状等因素。一般说来，颗粒带净电荷量越多，颗粒直径越小，越接近球形，则在电场中的泳动速度越快，反之越慢。带电分子由于各自的电荷和形状大小不同，因而在电泳过程中具有不同的迁移速度，形成依次排列的不同区带而被分开。即使两个分子具有相似的电荷，如果分子大小不同，由于它们所受的阻力不同，因此迁移速度也不同，在电泳过程中可以被分离。有些类型的电泳几乎完全依赖于分子所带的电荷不同进行分离，如等电聚焦电泳；而有些类型的电泳则主要依靠分子大小的不同即电泳过程中产生的阻力不同而得到分离，如 SDS- 聚丙烯酰胺凝胶电泳。②带电颗粒所处的环境的影响，包括缓冲液的浓度、pH、离子强度和温度等因素。例如，离子强度越高，带电颗粒泳动速度越慢。③电场的强度，带电颗粒在电场中泳动的速度与电场强度成正比。

二、常用的电泳方法

电泳可分为无支持介质的自由电泳和有固定支持介质的区带电泳两大类。前者包括 Tise-leas 式微量电泳、显微电泳、等电聚焦电泳、等速电泳及密度梯度电泳。区带电泳则包括滤纸电泳、薄层电泳、凝胶电泳等。现在一般实验室常规电泳过程都是在一种固定支持介质中进行的，属于固定支持介质的区带电泳。目前使用最多的固定支持介质是凝胶，凝胶的引入大大促进了电泳技术的发展，使电泳技术的操作变得十分简便，分辨率较高，因此电泳技术成为蛋白质、核酸等生物大分子分析的重要手段之一。目前使用最多的凝胶是琼脂糖凝胶和聚丙烯酰胺凝胶。

1. 醋酸纤维薄膜电泳

采用醋酸纤维薄膜作为支持物的电泳方法称为醋酸纤维薄膜电泳。醋酸纤维是纤维素的羟基

乙酰化所形成的纤维素醋酸酯，将其溶于有机溶剂（如丙酮、氯仿、氯乙烯、乙酸乙酯等）后，涂抹成均匀的薄膜，干燥后成为醋酸纤维膜。醋酸纤维薄膜是一种良好的电泳支持物，具有电泳速度快、电渗现象小，对样品吸附少及经透明处理后标本可以长期保存等优点。

2. 琼脂糖凝胶电泳

琼脂糖凝胶电泳是以琼脂糖凝胶为支持物的凝胶电泳。琼脂糖凝胶具有多孔网状结构，直接参与带电颗粒的分离过程，在电泳中，物质分子通过空隙时会受到阻力，大分子物质在泳动时受到的阻力比小分子大，因此在琼脂糖凝胶电泳中，带电颗粒的分离不仅依赖于净电荷的性质和数量，还取决于分子大小，体现为"分子筛"和"电泳"双重作用，大大地提高了分辨能力。

琼脂糖凝胶通常制成板状，凝胶浓度以 0.8%～1.0% 为宜，在此浓度下，制成的凝胶富有弹性，坚固而不脆。在制作的过程中，应避免长时间加热。

琼脂糖凝胶电泳具有较高分辨率，重复性好，区带易染色、洗脱和定量，以及干膜可以长时间保存等优点。因此，广泛用于大分子物质如蛋白质、核酸等的分离分析。

3. 聚丙烯酰胺凝胶电泳

聚丙烯酰胺凝胶电泳是以聚丙烯酰胺凝胶作为载体的一种区带电泳，该凝胶由丙烯酰胺和交联剂甲叉双丙烯酰胺聚合而成。聚丙烯酰胺凝胶电泳也具有"分子筛"和"电泳"双重作用，具有更高的分辨能力。一般来说，纸电泳仅能将血清蛋白分成 5～7 个组分，而聚丙烯酰胺凝胶电泳则可分为 20～30 个组分。目前，聚丙烯酰胺凝胶电泳广泛用于蛋白质、核酸等生物大分子的分离鉴定和分子量的测定。

聚丙烯酰胺凝胶电泳可分为连续的和不连续的两类，前者指整个电泳系统中所用缓冲液、pH 和凝胶孔径都是相同的，而后者是指在电泳系统中采用了两种或两种以上的缓冲液、pH 和凝胶孔径等。不连续电泳除具有"分子筛"和"电泳"双重作用外，尚具有浓缩效应，可将样品在分离前浓缩成层，从而提高分辨能力。

三、电泳技术的应用

1. 电泳技术在基础研究中的应用

电泳技术主要用于分离和纯化氨基酸、多肽、蛋白质、脂类、核苷酸、核酸等各种有机物；也可用于 DNA 的测序、物质纯度和相对分子质量的测定等。电泳技术与其他分离技术（如层析法）结合，可用于蛋白质结构的分析，"指纹法"是电泳法与层析法的结合产物。用免疫原理测试电泳结果，提高对蛋白质的鉴别能力。电泳与酶学技术结合发现了同工酶，对于酶的催化和调节功能有了深入的了解。

2. 电泳技术在临床疾病诊断中的应用

在临床疾病诊断中，电泳技术被用于血清蛋白、尿蛋白、脂蛋白、同工酶等的分离和鉴定，进行肾、肝和心脏等疾病的诊断。为各种相关疾病的诊断、鉴别诊断、疗效观察及判断预后提供了方便。

3. 电泳技术在中药鉴定中的应用

电泳技术可应用于中药中的生物碱、多糖、有机酸和氨基酸等有效成分的分离、纯化和鉴定。例如，利用聚丙烯酰胺凝胶电泳，根据蛋白谱带数量、泳动率和着色深浅可对同种或同属外形相似的种子和果实类药材及易混药材进行鉴定。毛细管电泳能进行中药中核酸、蛋白质和多肽等成分的分析。

四、电泳技术使用的相关仪器

应用电泳技术时，需要使用一系列电泳仪器设备，包括电泳仪电源、电泳槽及配件和凝胶成像分析系统等仪器设备。

（1）电泳仪电源是为电泳提供直流电源的装置，通过接通电源，加上电场来驱动带电分子的运动。电泳仪电源可控制电压和电流的输出大小，有的还可设定时间。

（2）电泳槽是电泳系统的核心部分，是分离样品的工作部位，主要由电极连接线、缓冲液槽和支持装置 3 部分构成。根据支持装置的形状不同可以分为圆盘电泳槽、垂直电泳槽和水平电泳槽等 3 种。一般实验室常用的是后两种。

垂直电泳槽常用于聚丙烯酰胺凝胶电泳中蛋白质的分离。电泳槽中间是夹在一起的两块垂直放置的平行玻璃板，玻璃板两边由垫条隔开，在玻璃平板中间制备电泳凝胶，凝胶的大小通常是 12 cm×14 cm，厚度为 0.75～2 mm。近年来新研制的电泳槽，胶面更小、更薄，以节省试剂和缩短电泳时间。制胶时在凝胶溶液中放一个塑料梳子，在胶聚合后移去，形成上样品的凹槽。这样制备的凝胶冷却比较均匀，得到的分离区带平直，可以同时进行多个样品的分离，使实验结果具有可比性，电泳后的凝胶可以干燥保存或用于后续的分析鉴定，例如免疫印迹分析等。

水平电泳槽在制胶时凝胶被平铺在水平的制胶器上，然后将制备好的凝胶直接放在电泳槽的水平板上，倒入缓冲液，使凝胶直接浸入缓冲液中，这样的凝胶具有分辨率高、速度快、操作简便的特点。

（3）凝胶成像分析系统是适用于电泳凝胶图像的分析研究的仪器设备。该仪器采用数码相机或模拟摄像头将置于暗箱内的电泳凝胶在紫外光、白光照射或透射下的影像取进计算机，通过相应的凝胶分析软件，可一次性完成 DNA、RNA、蛋白质凝胶、薄层层析板等图像的分析，最终可得到凝胶条带的峰值、分子量或碱基对数、面积、高度、位置、体积或样品总量等数据。

五、电泳的基本操作方法

琼脂糖凝胶电泳操作比较简便，在实验室中较为常用，因此本节以琼脂糖凝胶电泳为例介绍电泳的基本操作方法。电泳操作时，一般分为仪器准备、制胶、样品准备和加样、电泳、染色、电泳结果测定和分析等操作步骤。

1. 仪器准备

准备好电泳仪、电泳槽和制胶器，打开电泳仪开关检查是否好用，再检查电泳槽，电泳槽摆放时负极放在左侧，并确定缓冲液没有超过电泳槽的指定线，将制胶器配件准备齐全。

2. 制胶

根据样品数量选择合适的制胶器和梳子，确定制备凝胶的体积，利用电子天平称量琼脂糖，将称好的琼脂糖放入三角烧瓶中，加入适量电泳缓冲液，用微波炉加热 1～2 min，取出室温冷却到 60℃左右；将透明托盘平行放入制胶器内，倒入适量琼脂糖凝胶，将具有所需齿数、厚度和数量的梳子插入制胶架的定位槽中。室温静置至凝胶凝固。

3. 样品准备和加样

在等待凝胶凝固的时候，进行样品的准备，确定上样量，并将样品和上样缓冲液按照一定比例混匀。待凝胶凝固后轻轻从一侧开始拔掉梳子，将凝胶托盘从制胶器中取出，移入电泳槽内，使凝胶全部被电泳缓冲液浸没高出胶面 1～2 mm，用微量移液器把混合好的样品加入样品孔内，并记录加样的顺序。

4. 电泳

加样后，盖好电泳槽上盖，电泳槽的电极端插入电泳仪的输出电压孔内，电泳槽电极的红、黑线分别对应插入电泳仪的输出端子的红、黑插孔之中，要插入到底，使电极的金属部分完全进入输出端子的金属孔中，轻轻拔已插入的电极以确认连接牢固。打开电泳仪开关，电源指示灯亮，设置实验参数，根据实验需要，选择"功能/设定"键，用增大和减少设定电压、电流和时间。

设置好实验参数后，按"输出 / 停止"按键，接通电源，开始电泳。

5. 染色

经过电泳分离后的样品，一般在凝胶上不能直接观察到实验结果，还需要通过各种方法进行染色，根据样品不同选择特殊的染色液进行染色，例如核酸电泳通常使用溴化乙锭进行染色，蛋白质电泳常使用考马斯亮蓝等染色剂染色。

6. 电泳结果测定和分析

电泳结束后，使用凝胶成像分析系统进行电泳结果的检测和分析，通过相应的凝胶分析软件，可一次性完成 DNA、RNA 及蛋白质凝胶、薄层层析板等图像的分析，最终可得到凝胶条带的峰值、相对分子质量或碱基对数、面积、高度、位置、体积或样品总量。

第 3 节　层 析 技 术

层析法又称色谱法，是 20 世纪初由俄国植物学家 M. Tswtt 所创立，是目前广泛应用的一种物理分离技术。层析系统由两个相组成：一个是固定相，另一个是流动相。所谓固定相是指固体物质或者是固定于固体物质上的成分；流动相即为可以流动的物质，如水和各种溶媒。当待分离的混合物随流动相通过固定相时，由于混合物中各组分理化性质（分子的大小和形状、分子极性、吸附力、亲和力、分配系数等）的不同，使各组分在固定相和流动相中的分布比例不一样，移动速度不一致，从而达到将各组分分离的目的。层析技术具有分辨率高、灵敏度高、选择性好、速度快等特点，因此可以分离化学性质相似，难以用一定化学方法分离的化合物，尤其适用于生物样品的分离分析，如各种氨基酸、蛋白质等。随着科技的发展和生产实践的需要，层析技术得到迅猛的发展，目前已成为生物化学常用的分离分析技术之一。

按照原理和操作形式的不同，层析技术可分为吸附层析、分配层析、离子交换层析、凝胶过滤层析和亲和层析等。各种层析法原理见表2。虽然各种方法原理差异很大，但是其的基本操作步骤比较相似，包括选择适当吸附剂、加样、展开、检出鉴定四个环节。本节对于各种方法做一简要介绍。

表 2　各种层析法原理

层析法名称	原　理
吸附层析	各组分与固定相吸附剂之间吸附能力不同
分配层析	各组分在流动相和固定相中的分配系数不同
离子交换层析	各组分与离子交换剂（固定相）亲和力不同
凝胶过滤层析	各组分的分子大小的差异使其在凝胶（固定相）上受阻滞的程度不同
亲和层析	固定相只能与混合物中某一种组分专一结合，从而实现与其他物质分离

一、吸附层析

吸附层析是 1906 年 M.Tswtt 所创立的层析方法，其最初用来研究植物色素，并证明植物叶子中除了叶绿素外还有其他色素。该法固定相是固体吸附剂，各组分在吸附剂表面的吸附能力不同从而达到分离的目的。

吸附是指某些物质能将溶液中的溶质浓集在其表面的现象，该物质即为吸附剂，在吸附层析中一般用固体吸附剂；被吸附到吸附剂表面的物质称为被吸附物。吸附剂和被吸附物之间的相互作用主要有离子吸引、疏水作用、范德华力和氢键等，吸附作用是可逆的，即在一定条件下，被吸附物可被吸附到吸附剂的表面，如果条件改变，如改变流动相溶液成分等，被吸附物可以离开吸附剂表面，称为解吸作用，吸附层析中用洗脱液洗脱进行解吸。这样，通过反复的吸附—解吸—再吸附—再解吸过程，达到分离纯化的目的。

选择吸附剂的主要原则：

（1）在流动相溶剂中不溶解，对洗脱系统及层析分离的物质呈化学惰性；

（2）在保证吸附可逆性的同时，具有很高的吸附能力；

（3）分子扩散平衡速度应尽可能地快。

目前应用比较广泛的吸附剂有氯化铝、硅胶、活性炭、羟基磷灰石、聚酰胺等。

吸附层析主要有柱层析和薄层层析两种。

（一）柱层析

1. 制备层析柱

准备一根适当尺寸的细长玻璃管，管的下端近于封闭而只留下一细小的出口，并在管的底部铺垫细孔尼龙网、玻璃棉、垂熔滤板或其他适当的细孔滤器，以保证柱内固定相不致流失。将吸附剂填入柱内，注意避免产生气泡。

2. 加样

将欲分离的混合溶液自柱顶加进吸附层析柱，此时，各组分全被吸附在柱的上层。

3. 洗脱

加样后各组分全被吸附在柱的上层，加入洗脱液进行解吸洗脱。一般情况下，溶解样品的溶剂极性较弱，使样品易被吸附于固定相上；而洗脱液极性较强，易使样品中各组分从固定相上被洗脱下来。样品被洗脱下来后向下移动，当遇到新的吸附剂颗粒时，又被从溶液中吸附出来，流下的新洗脱剂再次将它解吸继续向下移动，接着再被下方的吸附剂吸附。如此吸附—解吸—再吸附反复进行，经过一段时间以后，样品中的组分均向下移动一段距离，此距离长短与吸附剂对组分的吸附力以及洗脱剂对组分的解吸力密切相关，吸附力弱而解吸力强的组分，移动距离大；反之，吸附力强而解吸力弱的组分，其移动距离小。经过一定时间，各组分在柱内形成各自的区带。倘若被分离的组分有颜色，在层析柱内可看到清晰的色带，如果被分离的组分没有颜色，可以采用紫外线或者适当的显色剂进行观察定位。也可以将被分离的组分分别进行洗脱收集，进行定性、定量检测。以洗脱液体积对被洗脱组分浓度关系作图，则可以得到洗脱曲线。

洗脱方法主要有三种：溶剂洗脱法、置换洗脱法和前线洗脱法。

（1）溶剂洗脱法：洗脱剂为单一或者混合的溶剂。加样后，连续不断地加入洗脱剂，样品中的各组分则按照吸附力由弱到强的顺序先后被洗脱出来。分别收集各组分就可达到分离的目的。也可以采用梯度洗脱法。即用pH梯度洗脱液或浓度梯度洗脱液进行洗脱。

（2）置换洗脱法：洗脱剂为置换洗脱液，其中含有置换剂，与固定相之间的吸附力比被吸附的样品组分更强。当用置换洗脱液冲洗层析柱时，置换剂取代了原来被吸附的样品组分的位置，使样品组分解吸而不断向下移动。经过一定时间之后，样品中的各组分按照吸附力从弱到强的顺序先后流出。分别收集各组分就可达到分离的目的。

（3）前线洗脱法：所用的洗脱剂为含有各组分的样品溶液本身。连续向层析柱内加入样品混合溶液至一定体积后，层析柱内的吸附剂达到饱和状态，吸附力最弱的组分开始流出，随后样品液中的各组分按照吸附力由弱到强的顺序，先后以两组分、三组分、多组分的混合液形式流出。此法可将最前线的组分即吸附力最弱的组分与其他组分分离。

（二）薄层层析

薄层层析是在支持板（一般用玻璃板）上将作为固定相的支持剂均匀涂布形成薄层，将待分离的样品混合物点到薄层板一端，然后选择合适的展开剂进行展开，从而达到使各组分分离的目的。

基本操作步骤如下。

1. 薄层的制作

用涂布器或者手动在薄层板上涂铺上一层固定相支持物。要求薄厚均匀，避免产生气泡，晾干待用。

2. 点样

将样品混合物点在薄层的一端。

3. 展开

在密闭的器皿中使用展开剂进行展开。

4. 定位

用适当的显色剂喷雾或根据各组分的紫外吸收特性进行定位。若有放射性物质存在可用扫描进行定位。

薄层层析涉及的设备较少，操作简便且快速灵敏。若改变薄层厚度，既可做分析鉴定，又可进行少量分离提纯。配合应用薄层扫描仪，可以同时做到定性定量分析。因此在生物化学、植物化学等领域应用广泛。

二、分配层析

分配层析是马丁和辛格在 1941 年发明的，利用待分离的各组分在两项中分配系数不同而进行的一种物质分离方法。当一种溶质在互不相溶的溶剂中分配时，在一定温度下达到平衡后，溶质在两相中的浓度比值为一常数，即分配系数。分配系数与溶质、固定相、流动相的性质有关，同时，受温度、压力等条件的影响，如果某一混合物的各组分在这两相中的分配系数有明显的差异，即可被分离。

分配层析中，固定相通常是被结合于固体惰性支持物（如滤纸、硅藻土、纤维素等）上的水，流动相由有机溶剂构成。当某溶质在流动相的带动下流经固定相时，该溶质在两相之间进行连续的动态分配。

三、离子交换层析

离子交换层析是以含有能与周围介质进行离子交换的不稳定离子的不溶性基质——离子交换剂——为固定相，依据流动相中各组分离子与交换剂上的平衡离子进行可逆交换时的结合力大小的差别而进行分离的一种层析方法。离子交换层析是生物化学领域中常用的一种层析方法，广泛地应用于氨基酸、蛋白质、糖类、核苷酸等的分离纯化。

离子交换层析柱中装有离子交换剂，目前常用的离子交换剂有：离子交换纤维素、离子交换葡聚糖和离子交换树脂。当待分离的离子混合液流经层析柱时，各种组分不同程度地被吸附到固定相上。在一定条件下某种组分离子在离子交换剂上的浓度与其在溶液中的浓度达到平衡时二者浓度的比值称为平衡常数（K）。K 值反映了离子交换剂上的活性基团与组分离子之间亲和力的大小，K 值越大，离子交换剂上的活性基团与组分离子的亲和力就越大，因此，该组分离子就越容易被离子交换剂吸附，越不容易被洗脱；反之，越容易被洗脱下来。倘若待分离的溶液中各组分离子的 K 值差异较大，则通过离子交换层析可将这些组分分离开来。

离子交换层析操作过程一般包括装柱、上柱、洗脱、收集和交换剂再生等步骤。

1. 装柱

有干法装柱和湿法装柱两种。干法装柱是将干燥的离子交换剂边振荡边缓慢均匀倒入层析柱内，慢慢加入适当的溶剂或溶液进行溶胀沉降成柱。注意避免柱内产生气泡或裂纹影响分离效果。

湿法装柱是在柱内预先装入一定体积的溶剂或溶液，将离子交换剂与溶剂或溶液混合在一起，边搅拌边倒入垂直的层析柱内，让离子交换剂慢慢自然沉降，离子交换柱同样要注意均匀、无气泡、无裂缝产生。

2. 上柱

装柱完成后，将欲分离的混合溶液加入到离子交换柱中，即上柱。上柱时要注意混合溶液的温度、pH 和离子浓度等条件及流速。

3. 洗脱和收集

采用含有与离子交换剂亲和力较大的洗脱液进行洗脱。吸附在离子交换剂上的各组分离子就按照与交换剂亲和力由小到大的顺序逐次被交换洗脱下来，分别收集洗脱液即可分离各组分。对于含有多种组分的某些混合液可以采用梯度洗脱法进行洗脱以达到更好的分离效果。

4. 再生

离子交换剂可重复使用。洗脱后，可以用酸或碱处理离子交换剂使其恢复原状。

四、凝胶过滤层析

凝胶过滤层析又称凝胶排阻层析、分子排阻层析或分子筛层析，是 20 世纪 60 年代发展起来的一种简便有效的生物化学分离分析方法。是使存在于流动相中的各种不同相对分子质量的组分流过具有分子筛性质的多孔凝胶形成的固定相，从而将各种组分分离的一种层析技术。其原理是：层析柱中的固定相是某些惰性的多孔网状结构凝胶（如交联葡聚糖、交联琼脂糖、聚丙烯酰胺凝胶、琼脂糖、多孔玻璃、聚苯乙烯等）。当含有各组分的混合溶液流经固定相时，相对分子质量小的物质可以进入凝胶颗粒的微孔内，并且随着溶液的流动不断地进出于一个个颗粒的微孔内外，使小分子组分流下时路程较长，向下移动的速度较慢；而大分子物质却无法进入凝胶颗粒的微孔内，只能顺着凝胶颗粒的间隙向下流动，因此流程短，下来的速度就快，先流出层析柱。当某一混合溶液通过凝胶过滤层析柱时，溶液中的物质按照相对分子质量由大到小的顺序先后流出层析柱，从而达到分离的目的。

以下简要介绍凝胶过滤层析的基本过程。

1. 凝胶的选择

根据实验目的不同选择不同型号的凝胶。①组别分离：对于混合样品中的大分子物质和小分子物质进行分离，一般可选用 Sephadex G-25 和 G-50；②小肽和相对分子质量低的物质（1000～5000）的脱盐，可使用 Sephadex G-10，G-15 及 Bio-Gel-p-2 或 4；③分级分离：分级分离是指将样品中一些相对分子质量比较相近的物质进行分离，一般选用排阻限度略大于样品中相对分子质量最高的物质的凝胶。层析过程中这些物质都能不同程度地深入到凝胶内部，由于 K_d 不同，得到分离。

2. 层析柱长度和直径的选择

一般来说，组别分离时，采用 2～30 cm 长的层析柱；分级分离时，采用 100 cm 左右的层析柱，其直径为 1～5 cm（小于 1 cm 易产生管壁效应，大于 5 cm 则稀释现象严重）。长度 L 与直径 D 的比值（L/D）最好在 7～10 之间，但对移动较慢的物质，L/D 为 30～40。

3. 装柱

将层析柱垂直固定于架上，下端流出口用夹子夹紧，柱内先充满洗脱液，一边搅拌一边缓慢而连续地加入浓稠的凝胶悬浮液（将干胶颗粒悬浮于 5～10 倍量的蒸馏水或洗脱液中使其充分溶胀，可加热提高其溶胀速度。溶胀之后将极细的小颗粒倾泻出去即得到凝胶悬浮液）。凝胶自然下沉于柱内，直至达到所需的高度，将洗脱液浸过凝胶表面，以免混入空气。稍放置一段时间，进行流动平衡，流速应低于层析时所需的流速。平衡过程中逐渐增加至层析时的流速，但不能超过层析时的最终流速。平衡凝胶柱过夜。使用前要检查层析柱是否分布均匀，不能有气泡或裂纹存在。可加一些有色物质进行检验，观察色带的移动，性能良好的层析柱色带狭窄、均匀平整，若色带歪曲、散乱、变宽则必须重新装柱。

4. 上柱

洗脱液液面恰好与凝胶床的表面位于同一平面时加入样品混合液。样品混合液体积通常为凝胶床体积的 5%～10%，不能超过 30%。样品加入后打开流出口，使样品渗入到凝胶床内。

5. 洗脱

当样品液面恰与凝胶床表面相平时，加进约为凝胶床体积 120% 的洗脱液进行洗脱，分部收集洗脱液即可分离各组分。

凝胶过滤层析对于高分子物质有很好的分离效果，所用的凝胶属惰性载体，不带电荷，吸附力弱，操作条件比较温和，可在相当广的温度范围内进行，不需要有机溶剂，因此对所分离组分的理化性质的保持具有较好的优势，目前在生物化学实验中广泛应用。

五、亲和层析

某些生物分子的特定结构部位能够同其他生物分子的相应结构识别并结合，如受体与配体的识别结合、酶与底物的识别结合等，这种结合是特异的、可逆的，改变条件可以解除这种结合。生物分子间的这种结合能力叫做亲和力。亲和层析就是根据该原理设计的物质分离纯化方法。

亲和层析是利用分子与其配体间专一可逆的结合作用进行物质分离的技术。其专一性、选择性高，通过一次亲和层析操作，可把目的组分从混合物中分离出来，尤其对含量甚微组分的分离具有良好的效果。此法具有高效、快速、简便等优点。亲和层析中，将可亲和的一对分子之一以共价键连接到不溶性载体上，成为固定相。当样品混合物流经此固定相时，只有和固定相分子有特殊亲和力的物质，即一对分子中的另一方才能被固定相吸附滞留在层析柱中，其他组分随流动相流出，然后用洗脱液将结合的亲和物洗脱下来。

在亲和层析中所用的载体为基质，与基质共价连接的化合物称为配基。可以作为基质的有玻璃微球、石英微球、氧化铝、聚丙烯酰胺凝胶、葡聚糖凝胶、纤维素和琼脂糖等。以琼脂糖最为常用。配基的固定化方法有多种，包括物理吸附法、载体结合法、包埋法和交联法等四类。以下简要介绍亲和层析的基本操作过程。

（1）选择能被待分离的目的分子（配体）识别并可逆结合配基。

（2）把配基共价结合到基质上，即配基的固定化。

（3）把基质 - 配基复合物灌装在层析柱内做成亲和柱。

（4）上样亲和→洗涤杂质→洗脱收集配体→亲和柱再生。

亲和层析实验条件温和，过程简单，反应迅速，分离效率高，可避免一些不稳定的物质在纯化过程中的变性失活。但是分离某种物质需要制备相应的特异性层析柱和建立相应的实验条件，配基的选择及其固定化操作比较繁琐，因此其应用受到一定限制。高效亲和层析，具有高特异性和高速性的特点，可与高效液相层析技术配合使用，加大分析深度，该技术将在未来的生物化学实验中发挥更大的作用。

第 4 节　离 心 技 术

离心技术是利用离心机转子高速旋转时产生的强大离心力，对物质进行分离、浓缩和提纯的一种方法，在生物化学的研究中应用非常广泛。按转子旋转速度的不同离心机可分为：普通离心机，转速一般小于 4000 r/min；高速离心机，转速小于 29 000 r/min；超速离心机，转速可达 70 000 r/min

或更高。

一、沉降系数

在单位离心力作用下物质颗粒的沉降速度称为该物质的沉降系数，其单位为 Svedberg 单位，通常用 S 表示。大小、形状、密度不同的物质其 S 值也不同，S 值与介质的密度和黏度密切相关。

二、离心速度与离心力

离心时，溶液中的物质颗粒受到的离心力和离心机的转速密切相关。离心机转速常以角速度 ω 来表示（rad/s），与离心机的转数 n（r/min）之间关系如下：

$$\omega = 2\pi\frac{n}{60} \tag{1}$$

在离心力场中，物质颗粒所受到的离心力 $F = \omega^2 R$（R 为旋转半径，即物质颗粒与离心机轴心间的距离，单位为 cm。在实际应用中，R 值常以离心管底内壁到离心机轴心间的距离，或离心管内液柱中心至离心机轴心间的距离来计算）。离心机旋转半径及角速度如图 5 所示。将式（1）代入 $F = \omega^2 R$ 中，得

$$F = \frac{4\pi^2 n^2 R}{3600}$$

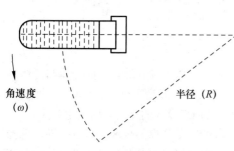

图 5　离心机旋转半径及角速度示意图

可见，转数 n 越大，物质颗粒受到的离心力（F）就越大。因此，n 可在一定程度上反映离心力的大小。然而，为了更精确地表示离心力的大小，在离心技术，特别是在高速和超速离心中，通常采用相对离心力（符号为 F_R 或 RCF）来表示。相对离心力是离心力与重力加速度 g（$g = 980\ \text{cm/s}^2$）的比值，表示方法如下：

$$F_R = F/g\ \frac{4\pi^2 n^2 R}{3600 \times 980} \tag{2}$$

将式（2）简化可得：$F_R = 1.12 \times 10^{-5} n^2 R$。$F_R$ 的单位为 g，称为"g 单位"。例如，当 $R = 10\ \text{cm}$，$n = 2000$ 时，代入式（2）得

$$F_R = 1.12 \times 10^{-5} \times 2000^2 \times 10 = 448\ (g)$$

将式（2）变形，根据需要达到的相对离心力 F_R 值及所用离心机的 R 值（旋转半径）即可推算出需要的离心机转速 n

$$n = \sqrt{\frac{F_R}{1.12 \times 10^{-5} R}}\ \text{或}\ n = 299\sqrt{F_R / R}$$

三、制备性超速离心分离方法

制备性超速离心法可用来分离细胞、亚细胞结构或生物高分子等。根据分离的原理不同，制备性超速离心法分为差速离心法和密度梯度离心法。

1. 差速离心法

差速离心法又叫分级分离法。将各种不均一粒子的混合物放入离心管进行高速旋转时，密度、大小不同的粒子其沉降速率也各不相同，因此在一定的离心转速和时间的条件下，沉降速率最大的粒子将首先沉淀在离心管底部，沉降速率中等及较小的粒子继续留在上清液中。将上清液转移至另一新离心管中，提高转速，经过一定的时间，沉降速率中等的粒子沉降到管底。如此反

复操作，在不同转速及时间组合条件下，沉降速率不同的各个组分被分离开来。此法分离出的组分并不均一，仍混杂有其他成分，可在沉淀中添加相同介质令沉淀再悬浮，再用较低转速离心，经过 2～3 次的再悬浮和再离心，即可获得较纯的颗粒。

此法主要用于组织匀浆液中分离细胞器和病毒。其优点是：操作比较简单，可以使用容量较大的角式转子；缺点是：效率低、费时间，对于各组分的分离效果差，虽然悬浮洗涤方法可以提高组分的纯度，但会降低其回收效率。当组分的沉降系数差异过小时，多次洗涤、分离也无济于事。另外，沉于离心管底部的样品由于被挤压容易导致失活。此时，需要考虑应用具有更高分辨率的离心方法。

2. 密度梯度离心法

密度梯度离心是指离心操作在一种连续密度梯度介质中进行的离心方法。同差速离心相比，该方法复杂，但分辨力好。密度梯度离心可以使样品中几个或全部组分同时得到分离，是差速离心法所不及的。按照其操作方法的不同，密度梯度离心法可分为速率区带离心法和等密度梯度离心法两种。

（1）速率区带离心

速率区带离心法是根据待分离的各粒子在梯度液中沉降速率的不同，使具有不同沉降速率的粒子分别处于不同的密度梯度层内被分成一系列区带，从而达到彼此分离目的的一种离心技术。在离心管中灌装好预制的密度梯度介质液（如蔗糖、甘油、KBr、CsCl 等），将待分离的样品铺在梯度液的顶部、离心管底部或梯度层中间，同梯度液一起离心。通过离心，离旋转轴越近处的介质密度越小，离旋转轴越远处介质的密度越大，各样品颗粒被分配到梯度中某些特定位置上，形成不同区带。

预制密度梯度介质的作用：一是支撑样品；二是防止离心过程中产生的对流破坏已形成的区带。为了使样品各组分得到有效分离，进行速率区带离心时注意样品液的密度一定要大于密度梯度介质的最大密度。也正因如此，离心时间不能过长，必须在沉降速率最大的样品区带沉降到离心管底部之前停止离心。否则，样品中的所有组分都将共沉下来，无法达到分离的目的。

速率区带离心法的优点：①分离效果好。②适应范围广，既能分离具有沉降系数差的颗粒，又能分离有一定浮力密度差的颗粒。③颗粒不会被挤压变形，能保持其活性，并有效防止已形成的区带混合。此法的缺点是：①离心所需时间较长。②需要制备梯度介质溶液。③操作条件较严格，不易掌握。

（2）等密度梯度离心法

离心管中的梯度介质的密度范围包括待分离样品中所有组分的密度，离心时，样品中的不同颗粒就会一直移动到与其密度相等的特定梯度介质位置上，形成几条不同的区带，这种分离方法就是等密度离心法。此法各组分的分离完全取决于组分之间的密度差，密度差越大，分离效果越好，体系到达平衡状态后，再延长离心时间或提高转速都不会破坏已经形成的区带，也不会发生共沉现象。提高转速可以缩短达到平衡的时间，离心所需时间以密度最小的颗粒达到其等密度点的时间为基准，甚至会长达数日。

四、普通离心机使用时的注意事项

（1）平稳放置：离心机为高速旋转设备，使用前要检查离心机的放置是否平稳，避免产生强烈震动及移位。

（2）选择合适的离心管：根据待离心液体的性质及体积选择合适的离心管，若离心管无盖，液体不要装得过多，避免离心时甩出，造成转头不平衡或被腐蚀。

（3）检查套管：离心套管必须完整，管底应垫好软垫（棉花或胶垫）。

（4）注意配平：离心前将两支盛有样品的离心管放入套管内，于天平上配平。然后将两支离心管连同套管一起置于离心机内对称的位置上，保持平衡。

（5）停稳后取管：离心结束后，须待离心机完全停稳后再取出离心管，切勿对离心机强行减速。

（6）清洁套管与转头：离心结束后，用干布擦净套管内的液体，若被样品液沾污，用水冲洗干净后再擦干，以免套管被腐蚀损坏。仔细检查转头，及时清洗、擦干。

（7）离心过程中操作人员不得随意离开，应注意观察离心机是否正常工作，如有异常的声音应立即切断电源，检查修复后再继续使用。

第 5 节　印 迹 技 术

将各种生物大分子（核酸、蛋白质等）从凝胶转移到一种固定基质上的过程称为印迹技术。1975 年英国人 Southern 首先提出了分子印迹的概念。他首先将不同长度片段 DNA 分子进行琼脂糖凝胶电泳，并在凝胶中变性使其成为单链，然后将一张硝酸纤维素（NC）膜放在凝胶上，NC 膜上放有吸水纸巾，由于虹吸原理，凝胶中的 DNA 片段转移到 NC 膜上，成为固相化分子。将载有 DNA 单链分子的 NC 膜置于杂交液与带有标记的探针（DNA 或 RNA 分子）进行杂交，具有互补序列的探针结合到存在于 NC 膜上的 DNA 分子上，经放射自显影或其他检测技术显现出杂交分子的区带。类似于用吸墨纸吸取纸张上的墨迹，因此称为 "blotting"，译为印迹技术。1977 年，在 Southern blotting 的基础上，Alwine 进行改进，用以研究 RNA，将其诙谐地称为 Northern blotting；1979 年，Towbin 建立 Western blotting，即蛋白印迹，也叫免疫印迹。在过去的几十年中，生物大分子印迹技术迅猛发展，已广泛用于 DNA、RNA、蛋白质的检测。目前印迹技术主要有 Southern 印迹（Southern blotting）、Northern 印迹（Northern blotting）、Western 印迹（Western blotting）以及斑点印迹（Dot blotting）等。

一、生物大分子凝胶电泳分离

印迹的第一步是将生物大分子按其相对分子质量的大小进行凝胶电泳分离。通常情况下，DNA 印迹首先将 DNA 分子用限制性内切酶酶切后进行琼脂糖凝胶电泳，由于双链 DNA 不能结合到 NC 膜上，因此电泳后需碱处理凝胶，使 DNA 变性成单链结构；RNA 印迹与 DNA 相似，由于碱会使 RNA 降解，故不能用碱变性；蛋白印迹通常用聚丙烯酰胺凝胶电泳分离蛋白质。

二、固相支持物的选择

由于凝胶易碎、易扩散，很难对其进行处理以检测目的条带，因此，需要把凝胶上的分子条带转移并固定到固相支持物上，形成稳定、容易被检出的固定化生物大分子。目前常用的固相支持物有 NC 膜、尼龙膜等，与生物大分子非共价结合。NC 膜较便宜，结合容量大，因而广泛应用。尼龙膜对于生物大分子的结合容量更大，在印迹时，生物大分子不易穿过膜造成损失，但背景较高。NC 膜不能用于 RNA 印迹，尼龙膜对于 DNA、RNA 结合能力均较强，可以重复使用，因此 DNA、RNA 印迹常用尼龙膜。

三、转移

印迹的方法目前主要有毛细管虹吸转移、电转移和真空转移。

（一）毛细管虹吸转移

毛细管虹吸转移是利用毛细管虹吸作用由转移缓冲液带动核酸分子转移到固相膜上。该法不需要专门设备，操作简单，重复性好。核酸分子转移的速度取决于核酸分子的大小及凝胶的浓度和厚度，核酸分子越小、凝胶浓度越低、凝胶厚度越薄，转移速度越快。毛细管虹吸转移需要的时间较长，不适合用于小孔径凝胶上分子的转移。见图 6。

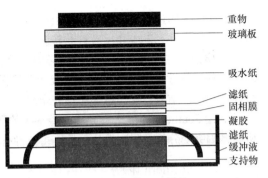

图 6　毛细管虹吸转移

（二）电转移

电转移目前应用非常广泛，是利用电场作用将核酸从凝胶转移到固相膜上。为了获得有效的印迹，电转移要在强电流下进行，但高强电流往往会产生过高的热量，必须采用冷却系统进行冷却，电印迹缓冲液以低离子强度为好。电印迹缓冲液里往往加入甲醇，甲醇的作用是使阴离子去污剂（SDS）游离出来，增加 NC 膜的结合容量，提高 NC 膜与分子的结合力，防止凝胶肿胀。但是过多的甲醇能改变凝胶中大分子物质的电荷，使凝胶孔径缩小，影响转印的效率。印迹时间、电流强度、凝胶的孔径等条件必须经过反复的摸索，采用适宜的条件才能得到比较好的效果。见图 7。

（三）真空转移

真空转移法是转移缓冲液从上层容器通过凝胶和固相膜被抽到下层真空室内，同时带动凝胶上的核酸片段从凝胶转移到固相膜上。该法具有简单、迅速、高效的特点。见图 8。

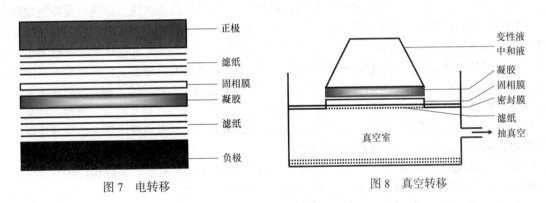

图 7　电转移　　　　　　　　　　　　　　　　图 8　真空转移

四、常用的几种印迹方法

（一）Southern 印迹

Southern 印迹将电泳分离的 DNA 片段转移到一定的固相支持物上，Southern 印迹是进行基因组 DNA 特定序列定位的通用方法。DNA 经限制性内切酶消化成片段后用琼脂糖凝胶电泳进行分离，然后将凝胶上的 DNA 变性成单链并在原位将其转移至 NC 膜、尼龙膜或其他固相支持物上，经干烤或者紫外线照射固定，再与具有特定标记的探针进行杂交，用放射自显影或酶反应显色，检测特定 DNA 分子。

Southern 印迹包括两个主要过程：一是印迹（blotting），即将待测核酸分子转移并结合到一定的固相支持物上；二是分子杂交，即固定于膜上的 DNA 同标记的探针在一定条件下退火，缔合成双链。印迹方法目前除了虹吸法，现已发展为电转法、真空转移法等多种方法；滤膜常用的有 NC 膜、尼龙膜、化学活化膜（如 APT、ABM 纤维素膜）等。

Southern 印迹基本步骤：①从组织中提取 DNA；②用特定的核酸内切酶酶切；③琼脂糖凝胶电泳；④碱变性；⑤中和反应；⑥转膜；⑦预杂交；⑧杂交；⑨杂交信号检测。

实验中应注意的问题：①转膜必须充分，要保证凝胶上的 DNA 已转到膜上；②杂交条件及漂洗是保证阳性结果和条带与背景反差强烈的关键，如洗膜不充分会导致背景过高，而洗膜过度可导致假阴性结果；③注意环保及安全。

利用 Southern 印迹法可进行克隆基因的酶切、图谱分析、基因组中某一基因的定性及定量分析、基因突变分析及限制性片断长度多态性分析（RFLP）等。

（二）Northern 印迹

Northern 印迹是将 RNA 变性及电泳分离后，将其转移到固相支持物上的过程。Northern 印迹与 Southern 印迹转膜方法相似，只是变性的方法不同：Northern 印迹不用碱变性（因为 NaOH 会水解 RNA 的 2′- 羟基），在上样前用甲醛、乙二醛或甲基氢氧化银等使 RNA 变性，RNA 变性后有利于与膜结合。甲基氢氧化银是一种强力、可逆的变性剂，但是有毒，因而普遍采用甲醛作为变性剂。高盐中转膜，低盐中洗脱，胶中不加溴化乙锭（EB）（EB 会影响 RNA 与硝酸纤维素膜的结合）。

Northern 印迹基本步骤：①提取总 RNA；②变性后进行琼脂糖凝胶电泳；③转膜；④固定；⑤杂交；⑥杂交信号检测。Northern 印迹全过程所有操作均应避免 RNA 酶（Rnase）的污染。

（三）Western 印迹

Western 印迹技术是一种蛋白质的固定和分析技术，是将蛋白质电泳、印迹、免疫测定融为一体的特异性蛋白质的检测方法。其原理是：先从样品中提取总蛋白或目的蛋白，将蛋白样品溶于含有去污剂和还原剂的溶液中，进行 SDS-PAGE 电泳，蛋白质按照相对分子质量的大小被分离。然后将被分离的蛋白质原位转移到固相支持物（NC 膜或尼龙膜等）上，将膜浸于高浓度的蛋白质溶液中温育，使膜上未结合蛋白质的部分均结合上蛋白质而被封闭。加入特异性抗体（一抗）进行孵育，膜上的目的蛋白（抗原）与一抗结合。一抗结合后再加入能与一抗特异性结合的带标记的二抗，最后通过二抗上标记物（一般为辣根过氧化物酶或碱性磷酸酶）的特异性反应进行检测，从而得知样品中目的蛋白的表达情况。

Western 印迹的基本步骤：①蛋白质样品制备；② SDS-PAGE 电泳；③转膜；④封闭；⑤一抗孵育；⑥二抗孵育；⑦显色；⑧对于显色结果进行分析。

Western 印迹方法灵敏度高，通常可检测出 50 ng 的微量目的蛋白。

（四）斑点印迹

将样品点在支持膜上进行分子杂交的技术。如将核酸点在能与核酸结合的膜（如 NC 膜、尼龙膜等）上，经处理使核酸固定在膜上，然后与标记探针进行分子杂交。用放射自显影或非放射性显色检测，判断是否有杂交以及杂交强度，可作定性或半定量分析。斑点印迹主要用于基因缺失或拷贝数改变的检测。常见的斑点杂交技术有 DNA 斑点杂交、RNA 斑点杂交和完整细胞斑点杂交等。该方法耗时短，一张膜上可同时检测多个样品。

斑点印迹的基本步骤：①膜预处理；②点样；③预杂交；④杂交；⑤加抗体；⑥显色。

第 2 部分　生物化学实验

实验 1 蛋白质的呈色反应和沉淀反应

【实验目的】

掌握蛋白质和氨基酸的呈色反应和沉淀反应原理。

一、蛋白质呈色反应

（一）双缩脲反应

【实验原理】

两分子尿素加热至 180℃ 左右生成双缩脲并释放出一分子氨。双缩脲在碱性环境中与 Cu^{2+} 结合，生成紫红色化合物，称为双缩脲反应。蛋白质分子中有肽键，其结构与双缩脲相似，也能发生此反应，可用于蛋白质的定性或定量测定。一切蛋白质或二肽以上的肽链都能发生双缩脲反应，但能发生双缩脲反应的物质不一定都是蛋白质或多肽，有些基团如 CSNH—、═C（NH₂）NH—和—CH₂NH—等亦可发生。

【实验步骤】

（1）取少量尿素结晶，放在干燥试管中，用微火加热使尿素熔化，熔化的尿素开始硬化时，停止加热，尿素释放氨形成双缩脲。冷却后，加 10% 氢氧化钠溶液约 10 滴，振荡混匀，再加 1% 硫酸铜溶液 1 滴，振荡。观察出现的粉红颜色。避免添加过量硫酸铜，否则，生成氢氧化铜的蓝色能掩盖粉红色。

（2）取一试管加 1:10 鸡蛋白溶液约 1 mL 和 10% 氢氧化钠溶液约 5 滴，摇匀，再加 1% 硫酸铜溶液 2 滴，边加边摇，观察紫红色的出现。

（二）茚三酮反应

【实验原理】

除脯氨酸、羟脯氨酸和茚三酮反应产生黄色物质外，凡含有自由氨基的化合物如氨基酸及蛋白质都能和茚三酮反应生成蓝紫色物质。该反应十分灵敏，1:1 500 000 的氨基酸水溶液即能发生反应，是一种常用的氨基酸定量测定方法。反应的适宜 pH 为 5~7，同一浓度的蛋白质或氨基酸在不同 pH 条件下的颜色深浅不同，酸度过大时甚至不显色。

【实验步骤】

取 2 支试管分别加入 1:10 鸡蛋白溶液和丙氨酸溶液各 1 mL，再各加 0.1% 茚三酮水溶液 10 滴，混匀，在沸水浴中加热 1~2 min，观察各管颜色变化。

二、蛋白质的沉淀反应

【实验原理】

在水溶液中的蛋白质分子由于表面生成水化膜和带同种电荷而成为稳定的亲水胶体颗粒，在一定的理化因素影响下，蛋白质可因失去电荷和脱水而沉淀。

蛋白质的沉淀反应可分为两类。

（1）可逆沉淀：此时蛋白质分子的结构未发生显著变化，除去引起沉淀的因素后，仍能溶解于原来的溶剂中，并保持其天然性质而不变性。如大多数蛋白质的盐析作用或在低温下用乙醇（或丙酮）短时间作用于蛋白质。提纯蛋白质时，常用此类反应。

（2）不可逆沉淀：此时蛋白质分子结构发生重大改变，蛋白质常变性而沉淀，除去变性剂蛋白质也不再溶于原来溶剂中。加热引起的蛋白质沉淀与凝固，蛋白质与重金属离子或某些有机酸的反应都属于此类。

蛋白质变性后，有时由于维持溶液稳定的条件仍然存在（如电荷），并不析出。因此变性蛋白质不一定沉淀，而沉淀的蛋白质也未必变性。

（一）蛋白质的盐析

【实验原理】

当蛋白质溶于高浓度中性盐（硫酸铵、硫酸镁、氯化钠等）溶液时则蛋白质沉淀析出，称为盐析作用。盐析作用包括两种过程：①大量电解质破坏了蛋白质的水化膜，从而出现沉淀；②电解质中和蛋白质分子所带电荷而沉淀。

中性盐能否沉淀蛋白质常决定于中性盐的浓度、蛋白质的种类、溶液的 pH 以及蛋白质的胶体颗粒。颗粒大者比颗粒小者容易沉淀，如球蛋白多在半饱和的硫酸铵溶液中析出，清蛋白则常在饱和的硫酸铵溶液中析出。

由盐析获得的蛋白质沉淀，当降低盐溶液浓度时，又能再溶解，故蛋白质的盐析作用是可逆过程。

【实验步骤】

（1）加 1 : 10 新鲜鸡蛋白溶液 2 mL 于试管中，加入等量饱和硫酸铵溶液，混匀，静置 20 min 后，观察记录实验结果。

（2）过滤、收集透明滤液。若滤液浑浊，须重复过滤至透明为止。

（3）取 1 mL 清滤液加固体硫酸铵使达饱和，观察实验结果。此时析出的沉淀为清蛋白。再向浑浊液（不含硫酸铵结晶颗粒）加 1.5～2.0 mL 水，观察结果。

（二）重金属离子沉淀蛋白质

【实验原理】

蛋白质在碱性溶液中，带有较多的负电荷，当它与带正电荷的重金属离子结合时即生成不溶解的沉淀。

重金属盐类沉淀蛋白质能引起蛋白质变性，而中性盐类即使加入量很多也不会导致蛋白质变性。

【实验步骤】

（1）取试管 1 支，加 1 : 10 鸡蛋白溶液 1 mL，0.5% 的 NaOH 溶液 1 滴，再加 1% 氯化锌溶液 1～2 滴，振荡试管，观察沉淀产生。

（2）取试管 1 支，加入 1 : 10 新鲜鸡蛋白溶液 1 mL，加入 10% HCl 1 滴混匀，再加入 1% 硫酸锌溶液 1～2 滴，观察结果。比较两管溶液的变化。

（三）生物碱试剂沉淀蛋白质

【实验原理】

蛋白质溶液的 pH 小于等电点时，蛋白质分子带较多的正电荷，能与带负电荷的酸根离子结合而形成沉淀。

$$\underset{\substack{\text{COO}^-\\ \text{蛋白质}}}{\overset{\overset{\text{NH}_3^+}{|}}{\text{Pr}}} \xrightarrow{\text{H}^+} \underset{\substack{\text{COOH}\\ \text{蛋白质离子}}}{\overset{\overset{\text{NH}_3^+}{|}}{\text{Pr}}} \xrightarrow[\text{（试剂的负离子）}]{\text{X}^-} \underset{\substack{\text{COOH}\\ \text{沉淀}}}{\overset{\overset{\text{NH}_2\text{X}}{|}}{\text{Pr}}} \downarrow$$

此沉淀常可在碱性溶液中再溶解。生物碱试剂有钨酸、磺基水杨酸、苦味酸、鞣酸等。

【实验步骤】

（1）取试管1支，加入1∶10鸡蛋白溶液1 mL，加入10%的HCl溶液1滴，再加入10%磺基水杨酸溶液2滴，振荡试管，观察沉淀的生成。

（2）另取试管1支，加入1∶10鸡蛋白溶液1 mL，加入10%的NaOH溶液1滴，再加入10%磺基水杨酸溶液2滴，振荡试管，比较两个试管的变化。

（四）加热沉淀蛋白质

【实验原理】

由于温度升高，破坏蛋白质分子内部的化学键引起蛋白质变性，几乎所有的蛋白质都可因加热而凝固。

蛋白质在其等电点时不带电荷，或带等量的正负电荷，此时如果升高温度则容易出现沉淀，在酸性或碱性溶液中，蛋白质分子带有正或负电荷，较为稳定。如过酸和过碱则易变性，此时如温度升高，虽变性却不沉淀，在冷却后，加酸或加碱调节pH达蛋白质的等电点时，则有沉淀析出。

【实验步骤】

（1）取试管4支，编号，按下表加入试剂。

试剂（滴）	1	2	3	4
1∶10鸡蛋白溶液	20	20	20	20
水	10	—	—	—
1%乙酸溶液	—	10	—	—
10%乙酸溶液	—	—	10	—
10%NaOH溶液	—	—	—	10

（2）将4支试管同时放在沸水浴中加热，观察并记录各管蛋白质出现的现象，解释变化原因。

（3）取出试管，冷却后于第3管中慢慢滴入10%NaOH溶液，并观察现象。

（4）向第4管中慢慢滴入10%乙酸溶液，并观察现象。

【试剂与器材】

1. 试剂

①1∶10新鲜鸡蛋白溶液；②尿素；③0.25%丙氨酸溶液；④0.1%茚三酮-乙醇溶液；⑤0.5%氢氧化钠溶液；⑥10%氢氧化钠溶液；⑦1%氯化锌溶液；⑧10%磺基水杨酸溶液；⑨1%乙酸溶液；⑩10%乙酸溶液；⑪10%HCl溶液；⑫1%硫酸铜溶液；⑬硫酸铵固体；⑭饱和硫酸铵溶液；⑮蒸馏水。

2. 器材

①试管；②试管夹；③电炉；④酒精灯。

实验 2　蛋白质含量测定

一、Folin-酚试剂法（Lowry法）

【实验目的】

掌握 Lowry 法测定蛋白质浓度的原理。

【实验原理】

蛋白质在碱性溶液中其肽键与 Cu^{2+} 螯合，形成蛋白质 - 铜复合物，此复合物使酚试剂的磷钼酸还原，产生蓝色化合物，在一定条件下，利用蓝色深浅与蛋白质浓度的线性关系作标准曲线，并测定样品中蛋白质的浓度。

【实验步骤】

取试管 7 支，编号，按下表操作。

试剂（mL）	1	2	3	4	5	空白管	测定管
蛋白质标准液	0.2	0.4	0.6	0.8	1.0		
蒸馏水	0.8	0.6	0.4	0.2		1.0	
待测样品							1.0
试剂甲	5.0	5.0	5.0	5.0	5.0	5.0	5.0
混匀，在 20～25℃水浴保温 10 min							
试剂乙	5.0	5.0	5.0	5.0	5.0	5.0	5.0

立即混匀，在 20～25℃水浴保温 30 min。用 660 nm 比色，测定光密度值。

1. 操作注意事项

（1）按顺序添加试剂。

（2）试剂乙在酸性条件下稳定，碱性条件下（试剂甲）易被破坏，因此加试剂乙后要立即混匀，加 1 管混匀 1 管，使试剂乙（磷钼酸）在破坏前即被还原。

2. 计算

（1）绘制标准曲线。以浓度为横坐标、光密度值为纵坐标绘制标准曲线。

（2）以测定管光密度值查找标准曲线，求出待测血清中蛋白质浓度（g/L）。

（3）再从标准管中选择 1 管与测定管光密度相接近者，求出待测血清中蛋白质浓度（g/L）。

【试剂与器材】

1. 试剂甲

（1）4% 碳酸钠（Na_2CO_3）溶液。

（2）0.2 mol/L 氢氧化钠溶液。

（3）1% 硫酸铜（$CuSO_4 \cdot 5H_2O$）溶液。

（4）2% 酒石酸钾钠（或酒石酸钾）溶液。

在使用前（1）与（2）、（3）与（4）等体积混合，再将两混合液按 50∶1 比例混合，即为试剂甲。该试剂只能用 1 天，过期失效。

2. 试剂乙

（1）市售酚试剂，在使用前用 NaOH 滴定，以酚酞为指示剂，最后浓度为 1 mol/L。

（2）或取 $Na_2WO_4 \cdot 2H_2O$ 100 g 和 Na_2MoO_3 25 g，溶于蒸馏水 700 mL 中，再加 85% H_3PO_4

50 mL 和 HCl（浓）100 mL，混合后，置 1000 mL 圆底烧瓶中温和地回流 10 h，再加硫酸锂（Li$_2$SO$_4$·H$_2$O）150 g，水 50 mL 及溴水数滴；继续沸腾 15 min 后，除去剩余的溴，冷却后稀释至 1000 mL，然后过滤，溶液应呈黄色或金黄色（如带绿色者不能用），置于棕色瓶中 4℃ 保存，使用时用标准 NaOH 滴定，以酚酞为指示剂，而后稀释约一倍，使最后浓度为 1 mol/L。

3. 标准蛋白质溶液

用结晶牛血清清蛋白，根据其纯度用蒸馏水配制成 0.25 mg/mL 的蛋白质溶液（纯度可经凯氏定氮法确定）。

4. 待测样品

准确取血清 0.1 mL，置于 50 mL 容量瓶中，再加 0.9%NaCl 溶液至刻度，充分混匀。也可以用尿液为样品。

5. 器材

①721 型分光光度计；②恒温水浴箱。

二、考马斯亮蓝染色法

【实验目的】

掌握考马斯亮蓝测定蛋白质的原理和方法。

【实验原理】

考马斯亮蓝（Coomassie brilliant blue）测定蛋白浓度是利用蛋白质 - 染料结合的原理。考马斯亮蓝 G-250 存在着两种不同颜色：红色和蓝色。此染料与蛋白质结合后颜色由红色转变成蓝色，最大光吸收由 465 nm 变成 595 nm。在一定蛋白质浓度范围内，蛋白质和染料结合符合比尔定律（Beer's law），因此可以通过测定染料在 595 nm 处光吸收的增加量，得到与其结合的蛋白质量。蛋白质和染料结合很快，约 2 min 即可反应完全，呈现最大光吸收，可稳定 1 h 左右，因此测定过程必须快速。此反应重复性好，精确度高，线性关系好。标准曲线在蛋白质浓度较大时稍有弯曲，这是由于染料本身的两种颜色形式光谱有重叠，试剂背景值随更多染料与蛋白质结合而不断降低，但直线弯曲程度很轻，不影响测定。

此方法干扰物少，研究表明：NaCl、KCl、MgCl$_2$、乙醇、（NH$_4$）$_2$SO$_4$ 不干扰测定。强碱性缓冲剂在测定中有一些颜色干扰，可以通过适当的缓冲液对照扣除其影响。Tris、乙酸、α- 巯基乙醇、蔗糖、甘油、EDTA、微量的去污剂（如 Triton X-100，SDS）和玻璃去污剂均有少量颜色干扰，用适当的缓冲液对照很容易除掉。但是，大量去污剂的存在对颜色影响太大而不易消除。

由于该法简单、迅速、干扰物质少、灵敏度高，现已广泛应用于蛋白质含量测定。

【实验步骤】

1. 制作标准曲线

取试管 5 支，按下表操作，制备标准蛋白稀释系列。

试剂	1	2	3	4	5
标准蛋白溶液（mL）	0.2	0.4	0.6	0.8	1.0
蒸馏水（mL）	0.8	0.6	0.4	0.2	0
蛋白质溶液浓度（μg/mL）	200	400	600	800	1000

另取试管 6 支，编号 0、1′～5′，按下表平行操作。

试剂	0	1′	2′	3′	4′	5′
不同浓度标准蛋白溶液（mL）	—	1 液 0.1	2 液 0.1	3 液 0.1	4 液 0.1	5 液 0.1
蒸馏水（mL）	0.1	—	—	—	—	—
考马斯亮蓝试剂（mL）	5.0	5.0	5.0	5.0	5.0	5.0
标准蛋白质含量（μg/mL）	0	20	40	60	80	100

将以上各试管内试液摇匀，静置 2 min，于 595 nm 以空白管调零，读取各管 A 值。以标准蛋白质含量为横坐标，A 为纵坐标，绘制标准曲线。

2. 样品测定

测定方法同上，取 0.1 mL 未知样品，加考马斯亮蓝溶液 5 mL 混匀，在 2～60 min 内，于 595 nm 以空白管调零，读取 A 值，使其测定值在标准曲线的直线范围内，在标准曲线上查出其相当于标准蛋白的量，从而计算出未知样品的蛋白质浓度（mg/mL）。

3. 注意事项

（1）如果测定要求很严格，可以在试剂加入后的 5～20 min 内测定光吸收，因为在这段时间内颜色最稳定。

（2）测定中，蛋白-染料复合物会有少部分吸附于比色皿壁上，但此复合物的吸附量可以忽略。测定完后可用乙醇将蓝色的比色皿洗干净。

【试剂与器材】

1. 试剂

（1）标准蛋白质溶液 1 mg/1 mL。

（2）考马斯亮蓝试剂：考马斯亮蓝 G-250 100 mg 溶于 50 mL 95% 乙醇中，加入 100 mL 85% 磷酸溶液，用蒸馏水稀释至 1000 mL，用滤纸过滤。最终试剂中含 0.01%（W/V）考马斯亮蓝 G-250，4.7%（W/V）乙醇溶液，8.5%（W/V）磷酸溶液。

（3）待测样品：未知蛋白质溶液，要求蛋白浓度范围为 0.1～5 mg/mL，若浓度过高时，需用 0.15 mol/L NaCl 溶液适当稀释。

2. 器材

①722 型分光光度计；②移液器；③移液管（0.1 mL 及 5 mL）；④试管及试管架。

实验 3　蛋白质等电点的测定

【实验目的】

掌握酪蛋白等电点的测定方法。

【实验原理】

蛋白质在酸性或碱性溶液中，分别带有正、负电荷，它们互相排斥，不容易生成沉淀，当溶液的 pH 改变而使蛋白质分子所带有的正、负电荷数接近相等时，即失去同电相斥的作用。因此，蛋白质分子很容易彼此结合而沉淀，此时溶液的 pH 称为该蛋白质的等电点。

在本实验中用酪蛋白的乙酸钠溶液与不同浓度的乙酸溶液组成 5 种不同 pH 缓冲溶液，观察并比较各管中酪蛋白的溶解度，其中沉淀最多的试管的 pH 即为酪蛋白的等电点。

（1）取试管 5 支编号，分别按下表准确加入试剂，混匀。

试剂（mL）	1	2	3	4	5
蒸馏水	8.4	8.7	8.0	8.2	7.4
0.01 mol/L 乙酸溶液	0.6	—	—	—	—
0.1 mol/L 乙酸溶液	—	0.3	1.0	—	—
1.0 mol/L 乙酸溶液	—	—	—	0.5	1.6
加酪蛋白乙酸钠溶液后 pH	5.9	5.3	4.7	4.0	3.5

（2）于各试管中加入酪蛋白的乙酸钠溶液 1 mL，边加边摇（切勿在各管加完后才摇），观察各管的浑浊度。静置 10～30 min 后，比较各管的浑浊度，用（＋）号表示其浑浊程度。沉淀最多而上清液较透明的试管的 pH，即为酪蛋白的等电点。

【试剂与器材】

1. 试剂

（1）0.01 mol/L 乙酸溶液。

（2）0.1 mol/L 乙酸溶液。

（3）1 mol/L 乙酸溶液。

（4）0.5% 酪蛋白的乙酸钠溶液 称取纯酪蛋白 0.25 g，置于 50 mL 容量瓶内，准确地加入蒸馏水 20 mL 及 1 mol/L NaOH 溶液 5 mL，摇匀，使酪蛋白溶解，加 1 mol/L 乙酸溶液 5 mL，最后用蒸馏水稀释至刻度。

2. 器材

①试管振荡器；②试管；③定时钟；④刻度吸管；⑤试管。

实验 4　凝胶层析分离法分离血红蛋白与溶菌酶

【实验目的】

掌握凝胶层析分离法的原理及方法。

【实验原理】

凝胶层析又称凝胶过滤，根据样品中各种物质相对分子质量的不同，将样品通过凝胶柱来达到分离的目的。

当混合蛋白质溶液通过凝胶柱时，分子直径小于凝胶孔隙的可以进入胶粒内部，分子直径大于孔隙的不能进入。因此，小分子蛋白质在通过胶粒时受到的阻力大，流速慢；相反，大分子蛋白质不会进入胶粒内部，可以比较顺利地通过胶粒间的空隙而流出，所以阻力小，流速快。由于流速不同，就可以把分子大小不同的蛋白质分开，因此将凝胶称为"分子筛"。

凝胶颗粒是多孔性的网络结构，化学性质稳定，不带电荷，吸附力很弱，制成的颗粒机械性能好，不易破碎变形，使液体在层析柱中具有较好的流速。

凝胶过滤的原理如图9所示。

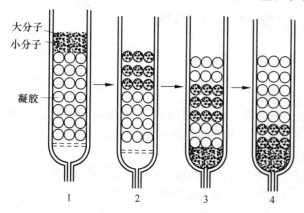

图 9　凝胶过滤原理

1. 表示加样；2～4. 表示洗脱过程

两种分子大小不同的蛋白质混合溶液经过多孔凝胶颗粒时，小分子蛋白质进入凝胶颗粒，大分子蛋白质不能进入，因此大分子的蛋白质先被洗出。

用于凝胶过滤的凝胶，有交联葡聚糖凝胶（sephadex）、聚丙烯酰胺（bio-gel）凝胶、琼脂糖（sepharose）凝胶等。均是三度空间的网状高聚物，具有一定的孔径和交联度。根据被分离物质的分子大小、形状，可选不同类型的凝胶，交联度越小，则孔径（网眼）越大，能进入凝胶的分子就越大。根据交联度的高低，如 sephadexa 可分为 G10～G200，其他种凝胶同样可分不同型号，见表 3。

表 3　凝胶的交联度和被分离物质的相对分子质量表

商品名称	型号	分离蛋白质的相对分子质量范围	商品名称	型号	分离蛋白质的相对分子质量范围
交联葡聚糖凝胶	G-10	<700	聚丙烯酰胺	P-2	200～1800
	G-16	<1500		P-4	800～4000
	G-25	1000～5000		P-6	10 000～60 000
	G-50	1500～30 000		P-10	1500～20 000
	G-75	30 000～70 000		P-30	2500～40 000

注意：1 r/min＝0.104 720 rad/s

商品名称	型号	分离蛋白质的分子质量范围	商品名称	型号	分离蛋白质的相对分子质量范围
琼脂糖	G-100	4000～150 000	P-60	3000～60 000	
	G-150	50 000～400 000	P-100	500～150 000	
	G -200	5000～800 000	P-150	15 000～150 000	
	6B	4×10^6	P -200	30 000～200 000	
	4B	$10^4\sim2\times10^7$	P-303	60 000～400 000	
	2B	$10^4\sim4\times10^7$			

本实验使用层析床，将血红蛋白（红色、相对分子质量 64 500 左右）与溶菌酶（相对分子质量 11 400 左右）从混合液中分开。血红蛋白相对分子质量较大，首先被洗脱；溶菌酶相对分子质量较小，洗脱得较慢，可用双缩脲反应检查其被洗脱的情况，用蒸馏水作溶剂。

【实验步骤】

1. 凝胶的准备

称取 sephadex G-50 4 g 置于锥形瓶中，加蒸馏水 30 mL，于沸水浴中煮沸 1 h（此为加热法膨胀。如在室温时膨胀，需放置 3 h），取出，待冷却至室温时再装柱。

2. 装柱

取直径为 0.8～1.5 cm，长度为 17～20 cm 的层析柱 1 支，在柱底部填少许玻璃棉或海绵圆垫，自顶部缓缓加入稀薄的 sephadex G-50 悬液，开始下沉时关闭出口，待底部凝胶沉积 1～2 cm 时，再打开出口，凝胶即逐层上升，加至距柱顶 3 cm 左右即可。操作过程中，应防止气泡与分层现象的发生。如表层凝胶凹陷不平时，可用细玻璃棒轻轻搅动表面层，让凝胶自然沉降，使表层平整。

3. 样品制备

①血红蛋白制备。取草酸钾抗凝血液 2 mL 于离心管中，离心 5 min，弃去上层血浆，用 0.9% NaCl 溶液洗血细胞 2 次，每次用 5 mL。要把血细胞搅起，离心后尽量倒去上清液。加水 5 mL，混匀，放冰箱过夜使充分溶血；再离心（2000 r/min）10～15 min，使血细胞膜残骸沉淀，取上清透明液放冰箱备用。②溶菌酶溶液（150 g/L）。③取血红蛋白稀释液 0.3 mL 加溶菌酶 0.3 mL，此混

合物作为样品。

4. 加样与洗脱

加样时先将出口打开，使层析床面的蒸馏水流出。待液面几乎平齐凝胶表层时，关闭出口（不可使凝胶表层干燥），用移液管将样品（约 0.8 mL）缓缓地沿层析柱内壁小心加于床表面，注意尽量不使床面扰动，打开流出口，使样品进入床内，直到床面重新露出，用上法加 1~2 倍样品体积的蒸馏水（这样可使样品稀释量小，而样品完全进入床内）。当此少量蒸馏水将近流干时，反复加入多量蒸馏水洗脱，直至两带分开为止。

5. 检查

观察血红蛋白在层析床中色带位置，不断加蒸馏水洗脱。待血红蛋白洗脱完，用试管收集洗脱液，每 5 滴一管，每管加 20%NaOH 溶液 10 滴、0.5%CuSO$_4$ 溶液 1 滴（即双缩脲反应），检查溶菌酶的洗脱情况。若为紫色，即为阳性。一般开始几管为阴性，随之为阳性，接着颜色逐渐加深，出现一个顶峰，逐渐减弱变为阴性，表示溶菌酶已洗脱完毕。

【试剂与器材】

1. 试剂

①交联葡聚糖凝胶（sephadex）G-50；②草酸钾抗凝血液；③0.9%NaCl 溶液；④溶菌酶溶液（0.15 g/mL）；⑤20%NaOH 溶液；⑥0.5%CuSO$_4$ 溶液。

2. 器材

①水浴锅；②直径 0.8~1.5 cm、长 17~20 cm 层析柱；③玻璃棉或海绵圆垫；④离心机；⑤冰箱；⑥移液管。

实验 5 肝组织中核酸的分离与鉴定

【实验目的】

1. 掌握核酸的分子组成。
2. 熟悉核酸的分离及鉴定方法。

【实验原理】

组织细胞中的核糖核酸（RNA）与脱氧核糖核酸（DNA）大部分与蛋白质结合形成核蛋白。核蛋白被三氯乙酸沉淀后，用 10%NaCl 溶液提取核酸的钠盐，再加入乙醇，可使核酸钠沉淀析出。

RNA 与 DNA 均可被硫酸水解产生磷酸、碱基（嘌呤和嘧啶）和戊糖（RNA 含核糖，DNA 含脱氧核糖）此三类化合物可用下述方法鉴定：

（1）磷酸与钼酸铵作用产生磷钼酸，后者在还原剂氨萘酚磺酸作用下形成蓝色的钼蓝。

（2）嘌呤碱与硝酸银产生灰褐色的嘌呤银化合物。

（3）核糖经浓盐酸或浓硫酸作用生成糖醛，后者和 3，5- 二羟甲苯缩合而成绿色化合物。

糖醛   绿色化合物

（4）脱氧核糖在浓酸中生成 δ- 羟［基］-γ- 酮［基］戊醛，它与二苯胺作用生成蓝色化合物。

2-脱氧核糖　　δ-羟[基]-γ-酮[基]戊醛

【实验步骤】

1. 制备匀浆

将小白鼠 1 只拉断脊椎致死，剖腹取出全部肝组织，用清水冲净血污后，用滤纸吸干，剪刀剪碎，再加 0.9%NaCl 溶液 2 mL 于研钵中，制成匀浆。

2. 分离提取

取全部匀浆于离心管（或小试管）内；加 2% 三氯乙酸 2 mL，用玻璃棒搅匀，静置 3 min；以 3000 r/min 转速离心 3 min，弃去上清液，于沉淀中加入 10%NaCl 溶液 2 mL，充分混匀，置沸水浴中加热 8 min，用玻璃棒边加热边搅拌（防止试管底破裂），使之充分生成核酸钠化合物，冷却，以 3000 r/min 转速离心 3 min。将上清液倒入另一试管内，逐滴加入 95% 冷乙醇 2 mL，边加边搅拌，待析出白色沉淀。静止 5 min 后，再以 3000 r/min 转速离心 5 min，倾去上清液后沉淀备用。

3. 核酸水解

于上述沉淀（核酸钠）中加入 5%H_2SO_4 4 mL。用玻璃棒搅匀，在沸水浴中加热 10 min，即得核酸水解液。

4. RNA 与 DNA 成分的鉴定

嘌呤碱的鉴定：取中试管 2 支，分别标明测定管与对照管，依次加入下列各试剂。

试管类别	水解液	5%H_2SO_4 溶液	浓氨水	5%AgNO_3 溶液
测定管	20 滴	—	10 滴	10 滴
对照管	—	20 滴	10 滴	10 滴

加入 AgNO_3 后，置沸水浴中 5 min，观察两管颜色有何变化。

磷酸的鉴定：取长试管 2 支，分别标明测定管与对照管，然后依次加入下列各试剂。

试管类别	水解液	5%H_2SO_4 溶液	钼酸铵试剂	氨（基）奈酚磺酸
测定管	10 滴	—	5 滴	20 滴
对照管	—	10 滴	5 滴	20 滴

充分混匀，放置 3 min，再置于沸水浴内加热 3 min，比较两管颜色。

核糖的鉴定：取长试管 2 支，分别标明测定管与对照管，依次加下列各试剂。

试管类别	水解液	5%H_2SO_4 溶液	3,5- 二羟甲苯试剂
测定管	4 滴	—	6 滴
对照管	—	4 滴	6 滴

将 2 支试管放入沸水浴内加热 5 min，比较两管颜色。

脱氧核糖的鉴定：取长试管 2 支，分别标明测定管与对照管，依次加下列各试剂。

试管类别	水解液	5%H_2SO_4溶液	3,5-二羟甲苯试剂
测定管	20滴	—	30滴
对照管	—	20滴	30滴

将 2 支试管同时放入沸水浴中，5 min 后观察两管颜色差别。

【试剂与器材】

1. 试剂

（1）2% 三氯乙酸溶液。

（2）95% 乙醇溶液。

（3）0.9%NaCl 溶液。

（4）10%NaCl 溶液。

（5）5%H_2SO_4 溶液。

（6）5%$AgNO_3$ 溶液。

（7）钼酸铵试剂：在 20 mL 水中溶解 2.5 g 钼酸铵，加 5 mol/L H_2SO_4 溶液 30 mL，用水稀释至 100 mL。此试剂可在冰箱中保存 30 天。

（8）氨（基）奈酚磺酸：市售氨（基）奈酚磺酸（1,2,4-aminonaphthal-sulfonic acid）为暗红色；可纯炼如下：在 100 mL 热水（90℃）中溶解 15 g $NaHSO_4$ 及 1 g Na_2SO_4，加 1.5 g 商品氨（基）奈酚磺酸，搅匀使其大部分溶解（仅少量杂质不溶解）。趁热过滤，再迅速使滤液冷却。加 1 mL 浓盐酸（12 mol/L），有白色氨［基］奈酚磺酸沉淀析出，过滤，并用水洗涤固体数次，再用乙醇洗涤，洗至纯白色为止，最后用乙醚洗涤，并将固体放置在暗处，使乙醚挥发，将此提纯的氨［基］奈酚磺酸保存于棕色瓶中。取 15%$NaHSO_4$ 溶液 195 mL（必须透明），加入 0.5 g 纯化的氨［基］奈酚磺酸及 20%Na_2SO_3 5 mL，并在热水浴中搅拌使固体溶解（如不能全部溶解，再加 20% Na_2SO_3 溶液，每次数滴，但加入量以 1 mL 为限度）。置冷处可保存 2~3 周，如颜色变黄时，要重新配制。

（9）二苯胺试剂：取 1 g 纯的二苯胺溶于 100 mL 冰乙酸（AR）中，加入 2.75 mL 浓硫酸，放在棕色瓶中，此试剂也需临时配制。

（10）3,5-二羟甲苯试剂：取密度为 1.19 g/cm³ HCl 100 mL，加入 $FeCl_3·6H_2O$ 100 mg 及二羟甲苯 100 mg，混匀溶解后，置于棕色瓶中，此试剂必须在使用之前新鲜配制。市售的 3,5-二羟甲苯必须用苯重结晶 1~2 次，用活性炭脱色方可使用。

2. 器材

①离心机；②电沸水浴锅；③研钵；④剪刀；⑤玻璃棒。

实验 6 酶的特异性

【实验目的】

掌握淀粉酶的特异性实验原理与方法。

【实验原理】

酶对其所作用的底物有较严格的选择性，即酶具有高度的特异性或专一性。一种酶只能作用于一种或一类底物，或一定的化学键，使其发生一定的化学反应，生成一定的产物。例如，淀粉酶只能催化淀粉水解，而不能催化蔗糖水解。

实验用唾液中的淀粉酶特异性水解淀粉，产生具有还原性的麦芽糖。后者在碱性溶液中能使二价铜还原成砖红色的氧化亚铜沉淀。根据此现象判断酶促反应的特异性。

$$淀粉 \xrightarrow{淀粉酶} 麦芽糖+淀粉糊精$$
$$麦芽糖+Cu^{2+} \xrightarrow{OH^-} Cu_2O\downarrow+糖的氧化产物$$
$$（砖红色）$$

【实验步骤】

1. 唾液淀粉酶的制备

先用少量蒸馏水漱口以除去口腔的食物残渣，再含一口蒸馏水，数分钟后，将唾液收集于小烧杯或量筒中，收集约 20 mL，用棉花过滤备用。

2. 鉴定蔗糖纯度

取试管 1 支，加 0.5% 蔗糖溶液 10 滴、班氏试剂 10 滴，混匀，置沸水浴中约 3 min。溶液颜色不变，证明蔗糖液不含还原糖。

3. 酶的特异性

取试管 2 支，按下表操作。

试剂（滴）	1	2	3
0.5% 淀粉液	20	—	20
0.5% 蔗糖液	—	20	—
唾液淀粉酶	20	20	—
煮沸过的唾液淀粉酶	—	—	20
混匀，置 37～40℃水浴 10 min			
班氏试剂	10	10	10

混匀各管后，将试管置沸水浴中约 3 min，或将试管直接用酒精灯加热至沸。观察实验结果。

【试剂与器材】

1. 试剂

（1）0.5% 蔗糖液。

（2）0.5% 淀粉液：取可溶性淀粉 0.5 g，用少许蒸馏水调成糊状，倒入煮沸的 100 mL 蒸馏水中，继续煮沸约 1 min，冷却后转入 100 mL 容量瓶中，再加蒸馏水至 100 mL 刻度即可。

（3）班氏试剂：取 17.3 g $CuSO_4$ 溶液溶于 100 mL 蒸馏水中，另取柠檬酸钠 173 g 和无水 Na_2CO_3 溶液 100 g，加蒸馏水 700 mL，加热溶解，待完全溶解并冷却后，与已溶解的 $CuSO_4$ 溶液混合，移入 1 L 容量瓶中，混匀，加蒸馏水至 1000 mL。如浑浊，可过滤，滤液可长期保存。

2. 器材

①试管及试管架；②恒温水箱；③沸水浴。

实验 7　影响酶促反应的因素

【实验目的】

掌握温度、pH、激活剂和抑制剂对酶活性的影响。

一、温度对酶活性的影响

【实验原理】

酶促反应受温度的影响，在最适温度下酶的反应速率最高。酶促反应一般随温度的升高而加快。温度过高，使酶分子结构破坏，甚至发生变性，丧失催化能力；低温能降低或抑制酶的活性，但不能使酶失活。人体内的酶最适温度在37~40℃，本实验通过唾液淀粉酶可使淀粉水解来观察温度对酶促反应的影响，酶的催化能力越强，水解就越快。根据淀粉及其水解产物遇碘液生成不同的颜色，来判断酶活性的大小。唾液淀粉酶对淀粉水解过程如下：

$$淀粉 \xrightarrow{酶} 糊精 \xrightarrow{酶} 麦芽糖$$

与碘反应：（蓝色）（紫色至红色）（无色）

【实验步骤】

1. 唾液淀粉酶的制备

先用蒸馏水漱口，以清除口腔内食物残渣，然后含一口蒸馏水，数分钟后吐于小烧杯，收集约20 mL，用棉花过滤以备用。

2. 操作

取试管3支，编号后按下表加入试剂。

试剂（滴）	1	2	3
淀粉溶液	10	10	10
唾液淀粉酶	10	10	—
煮沸过的唾液淀粉酶	—	—	10

各管摇匀后，将1、3号试管放入37℃恒温水浴中，2号试管放入冰水浴中。10 min后取出（2号试管留出约一半备用），用碘化钾-碘溶液来检验1、2、3号管内淀粉被水解程度，观察颜色变化。将2号管预留的溶液放入37℃水浴中继续水解10 min，再用碘液实验观察结果。

二、pH对酶活性的影响

【实验原理】

酶的活性受环境pH的影响极为显著。pH能影响酶分子活性中心内某些化学基团的解离状态，只有在最适pH时，酶分子处于最合适的电离状态，酶才能达到最大活性。不同的酶最适pH不同，人体内大多酶最适pH在6~8之间，唾液淀粉酶的最适pH是6.8。

【实验步骤】

（1）取3支试管，按下表操作。

试剂（滴）	1（pH 5.0）	2（pH 6.8）	3（pH 8.0）
淀粉溶液	15	15	15
唾液淀粉酶	15	15	15
pH 缓冲液	—	—	10

（2）取一白瓷板，在每个小池中加碘化钾-碘溶液1滴。

（3）从3支试管中各取1滴分别与碘液反应，观察颜色。

（4）将3支试管放入37~40℃水浴中保温，每隔1 min从每一试管中取2滴溶液与白瓷板上的碘液混合，观察颜色。

（5）待从第2管取出的溶液与碘液不呈颜色反应时，立即向每一试管中各加入碘液5滴，观察颜色变化。

三、激活剂、抑制剂对酶促反应的影响

【实验原理】

某些无机离子，作为一种酶的辅助因子，加快某种酶的反应速率。例如，氯离子是唾液淀粉酶的激活剂，能加速唾液淀粉酶催化淀粉水解的速率，而铜离子则抑制唾液淀粉酶的活性。

【实验步骤】

（1）取 3 支试管，按下表操作。

试剂（滴）	1	2	3
淀粉溶液	10	10	10
唾液淀粉酶	10	10	10
1% Na Cl 溶液	10	—	—
1% Cu SO$_4$ 溶液	—	10	—
1% Na$_2$ SO$_4$	—	—	10

（2）将上述各管溶液混匀后，3 支试管同置于 37℃ 水浴保温 1 min 左右，用吸管从 1 号试管中取出 1 滴混合液，与白瓷板上的碘液混合，观察颜色。待从第 1 管取出的溶液与碘液不呈颜色反应时，立即向每支试管中各加入碘液 2 滴，观察颜色变化。摇匀观察各试管溶液的颜色并记录，分析酶的激活和抑制情况。

【试剂与器材】

1. 试剂

（1）碘化钾 - 碘液：取碘化钾 2 g 及碘 1.27 g 溶于 200 mL 蒸馏水中，使用前用蒸馏水稀释 5 倍。

（2）0.5% 淀粉液。

（3）磷酸缓冲液，pH 分别为 5.0、6.8、8.6。

（4）0.5% 淀粉液。

（5）0.9% NaCl 溶液。

（6）1% CuSO$_4$ 溶液。

（7）1% Na$_2$SO$_4$。

2. 器材

①试管及试管架；②恒温水浴；③冰水浴；④沸水浴；⑤温度计；⑥白瓷板；⑦小烧杯。

实验 8　食物中维生素 C 的提取和定量

【实验目的】

了解应用 2，6- 二氯酚靛酚测定维生素 C 的原理；掌握从食物中提取维生素 C 的方法及脱色方法。

【实验原理】

维生素 C 又叫抗坏血酸，有还原型和氧化型，以还原型为主，富含在新鲜的水果和蔬菜中。

维生素 C 易溶于水，在空气中不稳定，遇碱、热和重金属离子易于被氧化破坏，故选择无氧化作用的稀酸溶液作提取液。维生素 C 的还原性很强，能使 2，6- 二氯酚靛酚还原褪色。用氧化型 2，6- 二氯酚靛酚滴定维生素 C，当维生素 C 全部氧化后，即是滴定终点，此时溶液呈微红色。

还原型抗坏血酸 　 氧化型2, 6-二氯酚靛酚 　 氧化型抗坏血酸 　 氧化型2, 6-二氯酚靛酚
（碱性条件下呈蓝色） （无色）
（酸性条件下呈红色）

上述氧化还原反应是等当量进行的，维生素 C 相对分子质量是 176，提供 2 个氢原子，1 个当量为 88。

【实验步骤】

1. 提取

称取新鲜样品 10 g，置研钵中，剪碎，加 2%HCl 10 mL，充分研磨提取 3~4 次，提取液通过两层纱布滤入 50 mL 容量瓶中，用 2%HCl 溶液稀释至刻度。

2. 脱色

将提取液倒入干燥锥形瓶中，加白陶土适量，充分混匀放置 5 min（样品中含有色素，干扰滴定终点观察，故用白陶土吸附样品中的色素），静止后取上清液。

3. 滴定

取三角烧瓶 3 个，各加脱色的滤液 10 mL，用 0.001 mol/L 2, 6- 二氯酚靛酚溶液滴定，直至出现微红色半分钟不褪色为止。记录 3 份样品滴定毫升数，取平均值。

4. 计算公式

维生素 C 含量（mg/100 g 样品）=滴定 2, 6- 二氯酚靛酚毫升数 ×0.088×50

【试剂与器材】

1. 试剂

（1）2%HCl 溶液。

（2）白陶土。

（3）0.001 mol/L 2, 6- 二氯酚靛酚：称取氧化型 2，6- 二氯酚靛酚 2.5 g，溶于 1000 mL 蒸馏水中，加 $NaHCO_3$ 2.1 g，充分摇匀，放置过夜。临用前过滤，用标准维生素 C 标定其浓度。

（4）标准维生素 C（1.0 mL≈0.5 mg）：精确称取纯维生素 C 25 mg 溶于 4%HCl 溶液 25 mL，移入 50 mL 容量瓶中，用蒸馏水稀释至刻度。

（5）标定：吸取标准维生素 C 溶液 1.0 mL，置于蒸发皿中，加 2%HCl 溶液 1 mL，用配制的 2,6- 二氯酚靛酚滴定，然后将 2,6- 二氯酚靛酚稀释为 1 mL≈维生素 C 0.088 mg，储存于棕色容量瓶中，置冰箱中可保存 1 周。

（6）水果、青菜。

2. 器材

①25 mL 滴定管（酸式）；②滴定台；③50 mL 容量瓶；④50 mL 三角烧瓶；⑤纱布；⑥乳钵；⑦架式天平；⑧剪刀；⑨10 mL 吸量管；⑩10 mL 量筒；⑪小药匙；⑫烧杯（100 mL）。

实验 9　胡萝卜素柱层析分离法

【实验目的】

掌握（液 - 固）吸附层析原理和胡萝卜素分离方法。

【实验原理】

胡萝卜素柱层析分离法属于（液 - 固）吸附层析，是指某些物质能够从溶液中将溶质浓集在其表面的现象。在吸附剂从溶液吸附物质的同时，也有部分被吸附的该物质从吸附剂上脱离下来。在一定条件下，这种吸附与洗脱之间建立的动态平衡，即吸附平衡。

吸附层析是利用固体吸附剂（固定相）对混合物中各组分的吸附能力不同，从而达到对混合物分离的一种方法。

吸附柱层析法，是将混合物（即溶解于适当溶剂中的多种物质）加到层析柱表面，因混合物被吸附，在柱上端形成原始色带，加入溶剂（称为洗脱液）进行洗脱。混合剂中各组分分别从吸附剂上被洗脱下来，随着溶剂向下流动，遇到新的吸附剂而又分别再被吸附，如此反复地吸附—洗脱—再吸附—再洗脱。由于吸附剂对各组分的吸附能力不同，在洗脱过程中各组分的移动速度亦不同，而逐渐分离开来，形成几条色带。

胡萝卜素存在于辣椒和胡萝卜等植物中，在动物体内可转变成维生素 A，又称维生素 A 原，可用酒精、石油醚、丙酮等有机溶剂从食物中提取出来，可被氧化铝（Al_2O_3）吸附。胡萝卜素与其他植物色素的化学结构不同，被氧化铝吸附的程度不同，将提取液利用氧化铝层析，用 1% 丙酮石油醚冲洗，即可分离出不同的色带。同植物中其他色素比较，胡萝卜素吸附能力最差，移动速度最快，所以最先被洗脱下来。

【实验步骤】

（1）取干红辣椒皮 2 g，剪碎后放入研钵中，加 95% 乙醇 4 mL 充分研磨，研磨至提取液呈深红色，再加石油醚 6 mL 研磨 1 min，将提取液置于 50 mL 分液漏斗中，用 20 mL 蒸馏水分 3 次洗涤，至水层透明，以除去提取液中的乙醇。将红色石油醚提取液倒入干燥试管中，加少量无水硫酸钠除去水分，用胶塞塞紧，以免石油醚挥发。

（2）层析柱的制备：取直径 1 cm，高度 16 cm 的玻璃层析管，装入氧化铝，装柱时标准如下：①不能断层；②均匀；③定量，为玻璃管直径 3～10 倍（多为柱长的 2/3）；④柱面要平。最后在层析柱上面放一块滤纸，保护层析柱平面，兼有滤过作用。将层析管垂直夹在铁架上备用。

（3）层析：用细吸管吸取胡萝卜素提取液 1 mL，沿管壁加入层析柱上端，待提取液全部进入层析柱时，立即加入含 1% 丙酮的石油醚冲洗，使吸附在柱上端的混合物逐渐洗脱为吸附于层析柱上数条颜色不同的色带（图 10）。仔细观察色带的位置、宽度与颜色，并绘图记录。

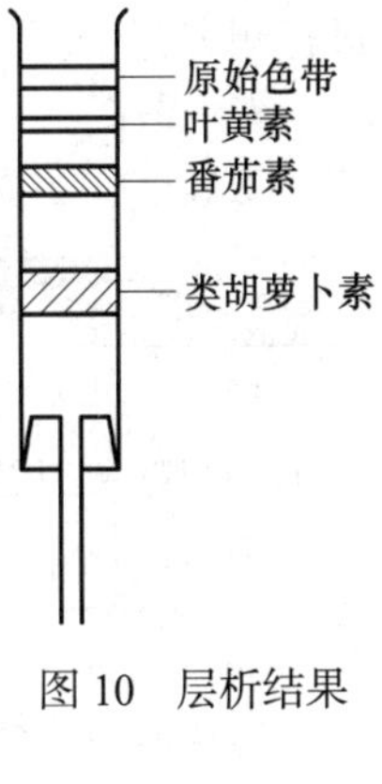

——原始色带
——叶黄素
——番茄素

——类胡萝卜素

图 10　层析结果

【试剂与器材】

1. 试剂

①95% 乙醇；②石油醚；③1% 丙酮石油醚；④Al_2O_3；⑤无水硫酸钠。

2. 器材

①层析柱；②100 mL 烧杯；③小滤纸片；④架式天平；⑤乳钵；⑥剪刀；⑦20 mL 量筒；⑧铁架台；⑨50 mL 分液漏斗；⑩引流胶管；⑪干燥试管。

【附注】

（1）如氧化铝吸附力不够理想，可先对氧化铝做高温处理（350～400℃烘烤）除去水分，提高吸附力。

（2）石油醚提取液中的乙醇必须洗净，否则影响吸附效果，色素的色带弥散不清。

（3）洗脱液中的丙酮可增强洗脱效果，但含量不宜过高，以免洗脱过快使色带分离不清。

（4）实验前氧化铝及无水硫酸钠需要在210℃烘箱中烘烤6 h以上。

实验 10　血糖含量的测定

一、邻甲苯胺改良法

【实验目的】

掌握肾上腺素和胰岛素调节血糖浓度的作用机制；观察小白鼠注射胰岛素或肾上腺素后血糖浓度的变化；熟悉血糖含量测定的操作。

【实验原理】

葡萄糖的醛基与邻甲苯胺在热乙酸溶液中缩合成葡萄糖基胺，再脱水生成希夫（Schiff）碱，经分子重排，生成蓝绿色化合物，在630 nm处有一吸收峰，吸光度大小与血糖浓度成正比。

【实验步骤】

1. 动物准备

取正常小白鼠3只，体重25 g左右，雌雄均可，饥饿4 h后，标明"正常""胰岛素"及"肾上腺素"，后两只分别皮下注射胰岛素（0.1 mL＜40 000 U/L）、肾上腺素0.03 mg（1 g/L）。

2. 取血

半小时后迅速将小白鼠的头剪下取血，将血液放入抗凝管中，边收集边摇匀，以防凝固。

经处理得到的血液，用邻甲苯胺硼酸法（简称O-TB法）测定血糖浓度，观察不同动物血糖浓度的差别。

3. 操作步骤

用全血定量法，取小试管加入0.15%氟化钠溶液1.5 mL，精确加入上述血液0.1 mL，充分混合，再加入15%三氯乙酸溶液0.4 mL，混匀，以3000 r/min转速离心5 min，吸取上清液1 mL进行测定。

4. 操作

取长试管2支，分别标明测定管和标准管，按下表加入试剂。

试剂	测定管	标准管
上清液（mL）	1.0	—
标准葡萄糖应用液（0.05 g/L）	—	1.0
O-TB试剂（mL）	3.0	3.0

充分混匀，将试管放在100℃水浴中加温8 min，冷水冷却，在30 min内用630 nm波长或红色滤光片比色，用蒸馏水作空白（如试剂颜色太深，可以用试剂作空白）。

【附注】

（1）如葡萄糖含量过高，可在显色后用O-TB试剂稀释后比色。

（2）上述测定管可以有三种：正常、注射胰岛素、注射肾上腺素。

【计算】

$$\text{全血中葡萄糖含量（mg/L）} = \frac{\text{测定管吸光度}}{\text{标准管吸光度}} \times 0.05 \times \frac{1000}{0.05} = \frac{\text{测定管吸光度}}{\text{标准管吸光度}} \times 1000$$

$$\text{葡萄糖（mg\%）} \times 0.0555 = \text{葡萄糖（mmol/L）}$$

【试剂与器材】

1. 试剂

（1）胰岛素，市售 40 000 U/L。

（2）0.1% 肾上腺素液。

（3）标准葡萄糖应用液：称取干燥无水葡萄糖（AR）1 g，溶于 50 mL 0.25% 苯甲酸溶液中，移入 100 mL 容量瓶中，用 0.25% 苯甲酸稀释至刻度（作为储存液即为 10 g/L）。吸取储存液 1 mL，放入 100 mL 容量瓶内，用 0.25% 苯甲酸（或 8% 三氯乙酸）稀释到刻度，即每升含 0.1 g（测定小白鼠可用每升含 0.05 g 的标准葡萄糖应用液）。

（4）邻甲苯胺试剂：称取硫脲（AR）1.5 g 溶于冰乙酸 400 mL 中，加邻甲苯胺 60 mL 混匀，再加入饱和硼酸液（约 6%）40 mL，用冰乙酸稀释至 1000 mL。充分混匀后储于棕色瓶中保存。

（5）饱和硼酸液：称取硼酸 6 g 溶于 100 mL 蒸馏水中，混匀，放置一夜，取上清液备用。

（6）15% 三氯乙酸溶液。

（7）0.15% 氟化钠溶液（测定小白鼠血糖用）。

2. 器材

①水浴锅；②分光光度计。

二、葡萄糖氧化酶法

【实验目的】

掌握葡萄糖氧化酶法测定血糖的原理和方法。

【实验原理】

葡萄糖氧化酶催化葡萄糖生成葡萄糖酸和过氧化氢，在过氧化物酶的催化下，过氧化氢与 4-氨基安替吡啉反应生成紫红色的化合物，生成量与血糖含量成正比。因此，将测定的物质颜色与经过同样处理的标准物进行比较，即可求出血糖的含量。

$$\text{葡萄糖} + O_2 + H_2O \xrightarrow{\text{葡萄糖氧化酶}} \text{葡萄糖酸} + H_2O_2$$

$$H_2O_2 + 4\text{-氨基安替吡啉} \xrightarrow{\text{过氧化物酶}} \text{紫红色复合物}$$

【实验步骤】

（1）取 3 支试管，按下表操作。

试剂（mL）	空白管	标准管	测定管
血清	—	—	0.02
葡萄糖标准应用液	—	0.02	—
蒸馏水	0.02	—	—
酶混合试剂	3.00	3.00	3.00

（2）混合后置于 37℃ 水浴中 15 min，用空白管调 0，在 505 nm 波长比色。

$$\text{血糖浓度（mmol/L）} = \text{测定管光密度} / \text{标准管光密度} \times 5.55$$

【注意事项】

（1）葡萄糖氧化酶催化反应的最适 pH 范围为 6.5～8.0。当 pH 低至 6.6 时，反应终点的吸光度值略有下降，故选用 pH 7.0±0.1 国产的葡萄糖氧化酶溶液呈酸性（pH 5.5 左右）。在配制时应用 1 mmol/L NaOH 溶液调整 pH。

（2）由于温度对该法影响较大，故试剂应从冰箱取出到室温时再进行测定。

【试剂与器材】

1．试剂

（1）标准葡萄糖溶液（5.55 mmol/L）。

（2）酶酚混合试剂（取等量酶试剂和酚试剂混合）。

（3）新鲜血浆或血清。

2．器材

①试管及试管架；②移液管 5 mL；③微量进样器；④恒温水浴箱；⑤分光光度计。

实验 11　饱食和饥饿小白鼠肝糖原含量的比较

【实验目的】

观察比较饱食和饥饿小白鼠肝糖原含量，判断饱食和饥饿状态体内糖原代谢情况。

【实验原理】

糖原是人体细胞储存糖的主要形式。当葡萄糖充足时，组织细胞可摄取葡萄糖合成糖原，主要储存在肝和肌肉组织中。在细胞需要能量时，糖原分解，这对维持血糖浓度、保证供给组织活动所需能量起重要作用。其中，肝糖原分解是补充血糖的重要来源，肌糖原不能直接补充血糖，需要通过乳酸循环补充血糖。

糖原的提取和糖原溶液的制备：用三氯乙酸破坏肝组织酶和蛋白质，沉淀，过滤。三氯乙酸可使蛋白质变性沉淀，糖原可溶解在三氯乙酸中。滤液中含有糖原，糖原不溶于乙醇，再用乙醇将糖原从滤液中沉淀下来，将沉淀的糖原溶于热水中，即制成糖原溶液。

糖原溶液呈乳样光泽，遇碘呈红棕色；经酸水解可生成葡萄糖，葡萄糖具有还原性，可将班氏试剂中的二价铜还原为氧化亚铜（砖红色）。利用这个性质，可比较饱食和饥饿小白鼠肝中的糖原含量。

【实验步骤】

（1）断颈处死饱食和饥饿小鼠，剖腹取出肝，迅速以滤纸吸去附着血液后，分别将饱食和饥饿小白鼠整块肝放入研钵内研磨剪碎。加 5% 三氯乙酸溶液 6 mL，研磨到肝组织充分磨碎为止。

（2）过滤后将滤液分别收集于离心管中，观察并比较溶液的浑浊程度。较为浑浊的应是含糖原比较多的溶液。

（3）分别于滤液中加入等体积的 95% 乙醇，混匀后，离心 3 min（3000 r/min），比较两管糖原沉淀量。

（4）小心倾去上清液，于每管各加入蒸馏水 5 mL，加温，即为糖原溶液。

（5）取 3 支试管，编号，按下表操作。

试剂	1	2	3
饱食鼠肝糖原溶液（mL）	2	—	—
饥饿鼠肝糖原溶液（mL）	—	2	—
蒸馏水（mL）	—	—	2
0.3% 碘液（滴）	2	2	2

混匀，观察并记录颜色，进行比较。

（6）取 2 支试管，各加入饥饿鼠或饱食鼠肝糖原溶液 2 mL，每管加入浓盐酸 10 滴，置沸水浴中水解约 10 min，取出冷却，用 20%NaOH 溶液中和（约 20 滴），此即为肝糖原水解液。

（7）取 3 支试管，编号，按下表操作。

试剂	1	2	3
班氏试剂（mL）	1	1	1
饱食鼠肝糖原水解溶液（滴）	5	—	—
饥饿鼠肝糖原水解溶液（滴）	—	5	—
蒸馏水（滴）	—	—	5

混匀，置沸水浴中 3 min，观察记录颜色及沉淀量。

【试剂与器材】

1. 试剂

①三氯乙酸；②95% 乙醇；③班氏试剂；④浓盐酸。

2. 器材

①刻度吸管；②研钵；③手术器械；④恒温水浴箱；⑤试管；⑥滤纸。

实验 12 胆固醇氧化酶法测定血清总胆固醇

【实验目的】

掌握胆固醇氧化酶法测定血清总胆固醇含量的原理与方法。

【实验原理】

血清胆固醇酯在胆固醇酯酶作用下，水解为游离胆固醇和脂肪酸，游离胆固醇经胆固醇氧化酶作用氧化为胆固醇 -4- 烯 -3- 酮和 H_2O_2，后者再与 4- 氨基安替吡啉和苯酚在辣根过氧化酶的作用下，反应生成红色醌亚胺，据此可测定血清总胆固醇含量，反应式如下：

$$胆固醇酯 \xrightarrow{胆固醇酯酶} 胆固醇 + 脂肪酸$$
$$胆固醇 + O_2 \xrightarrow{胆固醇酯酶} 胆固醇 -4- 烯 -3- 酮 + H_2O_2$$
$$H_2O_2 + 4- 氨基安替吡啉 + 苯酚 \xrightarrow{辣根过氧化酶} 醌式亚胺物（红色）$$

【实验步骤】

（1）取 3 支试管，按下表加入试剂。

试剂（mL）	空白管	标准管	测定管
血清（或血浆）	—	—	0.02
胆固醇标准液	—	0.02	—
蒸馏水	0.02	—	—
总胆固醇测定液	3.00	3.00	3.00

（2）将各管混匀，置于 37℃水浴中 15 min，在 550 nm 波长下比色，以空白管校准零点，读取标准管和测定管的吸光度（A）。

【计算】

$$血浆胆固醇含量（mmol/L）= \frac{A_测}{A_标} \times 5.7\ mmol/L$$

正常值为：血清参考值 3.00～5.20 mmol/L；危险阈值 5.20～6.20 mmol/L；高胆固醇血症≥

6.20 mmol/L。

【临床意义】

1. 胆固醇增高

常见于动脉粥样硬化、原发性高脂血症（如家族性高胆固醇血症、家族性 ApoB 缺陷症、多源性高胆固醇血症、混合性高脂蛋白血症等）、糖尿病、肾病综合征、胆总管阻塞、甲状腺功能减退、肥大性骨关节炎、老年性白内障和牛皮癣。

2. 胆固醇降低

常见于低脂蛋白血症、贫血、败血症、甲状腺功能亢进、肝疾病、严重感染、营养不良、肠道吸收不良和药物治疗过程中的溶血性黄疸及慢性消耗性疾病，如癌症晚期等。

【试剂与器材】

1. 试剂

胆固醇测定试剂盒。

2. 器材

①刻度吸管；②微量加样管；③分光光度计；④恒温水浴箱；⑤试管。

实验 13 血清尿素氮测定（二乙酰一肟法）

【实验目的】

掌握血清尿素氮测定原理及方法。

【实验原理】

血清中尿素在氨基硫脲存在下，与二乙酰一肟在强酸溶液中加热，能缩合成红色化合物，其颜色与尿素氮含量成正比。与同样处理的尿素氮标准液比较，即可求得血清尿素氮的含量。其反应式如下：

尿素氮升高常出现在肾疾病，是临床上判定肾功能的一个重要指标。

【实验步骤】

取中试管 3 支，按下表加入试剂。

试剂（mL）	空白管	标准管	测定管
蒸馏水	0.50	0.10	0.48
尿素氮标准液	—	0.40	—
血清	—	—	0.02
二乙酰一肟硫氨脲混合液	0.50	0.50	0.50
酸混合液	4.00	4.00	4.00

将各管混匀，置沸水浴中 10 min，取出，流水冷却后比色。在 525 nm 波长（或绿色滤光片）下比色，以空白管校准零点，读取标准管和测定管的吸光度（A）。

【计算】

$$血清尿素氮（\%/L）=\frac{测定管吸光度}{标准管吸光度}\times0.4\times0.005\times\frac{100}{0.02}=\frac{测定管吸光度}{标准管吸光度}\times10$$

正常值：9%～17%（3.2～7.1 mmol/L）

【附注】

（1）本法灵敏、简便、特异性强，可不除蛋白直接测定。

（2）显色反应中产生的复合物对光不稳定，加入氨基硫脲能增加其显色和稳定性，提高该反应的灵敏度。

【试剂与器材】

1. 试剂

（1）二乙酰一肟氨基硫脲溶液：称取二乙酰一肟 0.6 g，氨基硫脲 0.03 g，溶于少量蒸馏水中，再用蒸馏水稀释至 100 mL。此溶液在室温下是稳定的，几天后会呈现淡黄色，但不干扰反应。

（2）酸混合液：取浓磷酸 35 mL、浓硫酸 80 mL，缓慢滴加于 800 mL 水中，冷却后加水至 1000 mL。

（3）尿素氮标准储存液（1 mg/mL）：取尿素 2.143 g，加 0.005 mol/L H_2SO_4 溶液溶解，并加至 1000 mL，置 4℃冰箱内保存。

（4）尿素氮标准应用液Ⅰ（0.025 mg/mL）：取尿素氮标准储存液 2.5 mL，加 0.005 mol/L H_2SO_4 溶液至 100 mL。

（5）尿素氮标准应用液Ⅱ（0.005 mg/mL）：取尿素氮标准应用液Ⅰ 20 mL，加 0.005 mol/L H_2SO_4 溶液至 100 mL。

2. 器材

①沸水浴锅；②试管；③烘箱；④分光光度计；⑤记号笔；⑥擦镜纸；⑦定性滤纸；⑧温度计；⑨石棉网；⑩搪瓷缸。

实验 14　血清蛋白醋酸纤维素薄膜电泳

【实验目的】

掌握血清蛋白的组成及分类；掌握电泳的原理及方法。

【实验原理】

带电颗粒在电场作用下向着与其电性相反的电极移动的现象，称为电泳。

血清蛋白的等电点均低于 7.0，电泳时采用 pH 8.6 的缓冲液，各蛋白质解离成负离子，在电场中向正极移动。因各种血清蛋白的等电点不同，在同一 pH 下带电量不同，各蛋白质的分子大小也有差别，故在电场中的移动速度不同。分子小而带电荷多的蛋白质泳动较快，分子大而带电荷少的泳动较慢，从而将血清蛋白分成数条区带。

醋酸纤维素薄膜具有均一的泡沫状结构（厚约 120 μm），渗透性强，对分子移动无阻力。作区带电泳的支持物，具有用样量少、分离清晰、无吸附作用、应用范围广和快速简便等优点，目前广泛应用于清蛋白、脂蛋白、血红蛋白、糖蛋白、酶的分离和免疫电泳等方面。

醋酸纤维素薄膜电泳可把血清蛋白分为：清蛋白及 α_1、α_2、β、γ-球蛋白 5 条区带（图 11）。将薄膜置于染色液中使蛋白质固定并染色后，可看到清晰的色带，将色带分别溶于碱溶液进行比色测定，可计算出血清蛋白的百分含量。

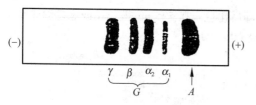

(−)　　　　　　　　　　　　　　　　　　　　(+)

$\gamma\ \ \beta\ \ \alpha_2\ \alpha_1$

G　　　　A

图 11　正常人血清蛋白电泳图谱

【实验步骤】

1. 准备与点样

（1）取醋酸纤维素薄膜 1 片，在无光泽面距一端 1~2 cm 处用铅笔画一直线，表示点样位置。

（2）将薄膜无光泽面向下，漂浮于巴比妥缓冲液面上（缓冲液盛于培养皿中），使膜条自然浸湿下沉。

（3）将充分浸透的膜条取出，用滤纸吸去多余的缓冲液，直接放在滤纸上。

（4）用软片在盛有血清的小蒸发皿中蘸一下，使软片下端粘上薄层血清，然后紧按在薄膜点样线上，待血清全部渗入膜内，移开软片（也可用载玻片点样）。

2. 电泳

将点样后的膜条置于电泳槽架上，槽架上用 4 层滤纸作桥垫，放置时点样面向下，点样端置于阴极，膜条与滤纸需贴紧，待平衡 5 min 后通电，电流为每条醋纤膜 2 mA，通电 40 min 左右关闭电源。

3. 染色

用镊子将薄膜取出，直接浸入盛有氨基黑 10B 的染色液中，染色 2 min 取出，立即浸入盛有漂洗液的培养皿中，反复漂洗数次，直至背景漂净为止，用滤纸吸干薄膜。

4. 定量

取 6 支试管，编号，将漂洗后的薄膜夹于滤纸中吸干，剪下各蛋白区带，剪一块未着色的空白区作为空白，分别置于各试管中。每管加入 0.4 mol/L NaOH 溶液 4.0 mL，37℃水浴，反复振摇充分洗脱，在 600 nm 波长比色，以空白管调整吸光度到零点，读取各管的吸光度，求百分率。

【计算】

$$吸光度总和\ T = A + \alpha_1 + \alpha_2 + \beta + \gamma$$

$$清蛋白（A）= A/T \times 100 \qquad \alpha_1\text{-球蛋白} = \alpha_1/T \times 100$$

$$\alpha_2\text{-球蛋白} = \alpha_2/T \times 100 \qquad \beta\text{-球蛋白} = \beta/T \times 100$$

$$\gamma\text{-球蛋白} = \gamma/T \times 100$$

【临床意义】

1. 正常值

人血清蛋白组分、等电点、相对分子质量等数据见下表。

蛋白质组分	等电点	相对分子质量	占总蛋白百分数（%）
清蛋白	4.64	69 000	57~72
α_1-球蛋白	5.06	200 000	2~5
α_2-球蛋白	5.06	300 000	4~9
β-球蛋白	5.12	90 000~150 000	6.5~12
γ-球蛋白	6.85~7.3	156 000~950 000	12~20

2. 意义

（1）肾病综合征、慢性肾小球肾炎时，清蛋白降低，α_2-蛋白及 β-球蛋白升高。

（2）晚期肝癌、肝硬化患者血清清蛋白含量显著降低，γ-球蛋白含量显著升高。

【注意事项】

（1）每次电泳前，电泳槽两边的缓冲液液面应等量。

（2）电泳槽内的缓冲液可连续使用数次，但每次电泳时，正负极要更换，或将缓冲液重新混合后再装槽。

（3）在电泳过程中，电泳槽一定加盖密闭，电泳完毕，要先断开电源，再取出薄膜。

【附注】

（1）血清标本要新鲜，不可溶血，溶血标本 β- 球蛋白偏高。

（2）如需保存电泳结果，可将染色后的干燥薄膜浸于透明液中 20 min，取出平贴于干净玻璃片上，待干燥即得背景透明的电泳图谱。此透明薄膜可经扫描光密度计给出电泳曲线，并可根据曲线面积得出各组分的百分比。

【试剂与器材】

1. 试剂

（1）巴比妥缓冲液（pH 8.6，离子强度 0.075）：取巴比妥钠 15.458 g，巴比妥 2.768 g，置于烧杯中，加蒸馏水 400～500 mL，加热溶解，冷却后用蒸馏水稀释至 1000 mL。

（2）染色液：氨基黑 10B 0.5 g、甲醇 50 mL、冰乙酸 10 mL、蒸馏水 40 mL，混匀；或丽春红 -S 0.5 g 溶于 50 mL 甲醇中，加冰乙酸 10 mL、蒸馏水 40 mL，混匀。

（3）漂洗液：甲醇或 95% 乙醇 45 mL，冰乙酸 5 mL、蒸馏水 50 mL，混匀。

（4）洗脱液：0.4 mol/L NaOH 溶液。

（5）透明液：冰乙酸 25 mL、95% 乙醇 75 mL，混匀。

2. 器材

①电泳仪；②电泳槽；③醋酸纤维素薄膜（2 cm×8 cm）；④点样器或载玻片；⑤滤纸；⑥镊子；⑦铅笔；⑧直尺。

实验 15　血清脂蛋白琼脂糖凝胶电泳

【实验目的】

掌握脂蛋白的分类；掌握琼脂糖凝胶电泳的原理及方法。

【实验原理】

血浆中脂类都是和载脂蛋白结合运输的，各种载脂蛋白由于等电点不同，表面带有电荷不同，在电场中泳动速度也不一样，通过电泳法，可以进行分离。

将血清脂蛋白用脂类染料进行预染，再将预染过的血清置于琼脂糖凝胶板上电泳。通电后，可见脂蛋白向正极移动，并分离为几个区带。

【实验步骤】

1. 预染血清

取血清 0.2 mL 加苏丹黑染液 0.02 mL，放于试管中，混合后置 37℃水浴中染色 30 min，不时地振摇，离心（2000 r/min）5 min，取上清液。

2. 制备琼脂糖凝胶板

将制备的 0.45% 琼脂糖凝胶放沸水中加热融化，用吸管吸取凝胶液浇注在载玻片上，每片为 3.5～4.5 mL，静止 30 min 后凝固。

3. 点加血清

在已凝固的琼脂糖凝胶板的一端约 2 cm 处，用加样挖槽器垂直切入凝胶并立即取出，拔出切下的凝胶，以小片滤纸吸干小槽中水分，用微量加样器吸取经过预染的血清 20 μL 注入凝胶板的小槽内。

4. 电泳

将加过血清的凝胶板平行放于电泳槽中，点样端置于阴极。用4张搭桥滤纸搭在凝胶板两端，滤纸两端浸于电泳槽内的巴比妥缓冲液中，接通电源。每片凝胶板电流为8 mA，电泳40 min后关闭电源，观察并分析结果。

【试剂与器材】

1. 试剂

（1）巴比妥缓冲液（pH 8.6，离子强度0.075）：为电极缓冲液，取巴比妥钠15.4 g、巴比妥2.76 g、乙二胺四乙酸0.292 g，加水溶解后至1000 mL。

（2）三羟甲基氨基甲烷缓冲液（pH 8.6）：为凝胶缓冲液，取三羟甲基氨基甲烷1.212 g、乙二胺四乙酸0.290 g、氯化钠5.850 g，加水溶解后至1000 mL。

（3）1%琼脂糖凝胶：称取琼脂糖1 g，置于烧瓶中，加入凝胶缓冲液50 mL，再加蒸馏水50 mL，煮沸至琼脂糖凝胶完全融化，置65℃水浴中备用。

（4）染色液：将苏丹黑10B加到无水乙醇中至饱和，振荡使之乙酰化，用前过滤。

2. 器材

①离心机；②电泳仪；③电泳槽；④电水浴锅；⑤载玻片；⑥切槽器；⑦针头；⑧微量加样器；⑨滤纸片；⑩吸量管；⑪100 mL烧杯。

实验 16　转氨基作用与氨基酸纸层析

【实验目的】

掌握氨基酸的氨基转移作用原理及利用纸层析法分离及鉴定氨基酸的技术。

【实验原理】

氨基转移作用是氨基酸代谢中的重要反应。在氨基转移酶（或称转氨酶）的催化下，将氨基酸的氨基转移到α-酮酸上，使某些氨基酸得以合成或脱氨。氨基转移酶广泛分布于机体的各器官、组织中。

本实验是将丙氨酸和α-酮戊二酸，在肝匀浆中的丙氨酸氨基转移酶（ALT）催化下进行氨基转移作用，用纸层析法检测反应生成的谷氨酸。

$$丙氨酸+\alpha\text{-}酮戊二酸 \xrightarrow{\text{ALT}} 丙酮酸+谷氨酸$$

纸层析法以滤纸为载体，与滤纸纤维素结合的水（占纸重20%～22%）为固定相，有机溶剂为流动相。由于被分离的物质在两相中的分配系数不同，随流动相移动的距离也不同，逐渐在纸上集中于不同的部位，与茚三酮反应显色，同丙氨酸、谷氨酸标准液比较，确定被分离成分，从而得到分离。各组分在滤纸上的移动速率用R值表示。

在一定条件下，物质分配系数是一定的，移动速率也是恒定的。可以根据计算出的各斑点的R_f值，判断该斑点是何物质，进而推断出在新鲜血浆中丙氨酸和α-酮戊二酸在肝匀浆中丙氨酸氨基转移酶（ALT）催化下是否发生氨基转移作用。

【实验步骤】

1. 制备肝匀浆

处死小鼠，取出肝1 g，在研钵中用剪刀剪碎，加入9 mL冰冷的0.01 mol/L pH 7.4磷酸缓冲液，迅速研成匀浆。

2. 保温

取干燥试管（或离心管）2支，分别标明测定管和对照管，按下页表操作。

试剂	测定管	空白管
肝匀浆（滴）	15	15
放置温度和时间	37℃，10 min	沸水浴，10 min
0.1 mol/L 丙氨酸溶液（滴）	15	15
0.1 mol/L α-酮戊二酸溶液（滴）	15	15
0.01 mol/L、pH 7.4 磷酸缓冲液（滴）	40	40

混匀，置 37℃水浴中 60 min，保温完毕，立即将测定管放入沸水中 10 min 以终止反应，取出冷却后，离心，将上清液分别转移到干燥的（1）试管中，并标明""1号"和"2号"，作为纸层析的样品。

3. 层析

（1）点样：取直径 10 cm 圆形滤纸一张，用圆规作半径为 1 cm 的同心圆，通过圆心作三条夹角为 60°的线，与同心圆相交叉为 6 个交点，按顺时针方向标记各点（图 12），用毛细管在滤纸的 1、4 两处分别点丙氨酸和谷氨酸溶液各 5 滴（注意斑点不宜太大，一般直径为 0.5 cm，每点一滴，用吹风机吹干后再点下一滴）。在 2、5 两处各点测定管上清液 5 滴，在 3、6 处各点对照管上清液 5 滴。

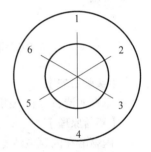

图 12　圆形滤纸

在滤纸圆心处打一小孔（如铅笔芯大小），另取同类滤纸约 1 cm²，下一半剪成须状，卷成圆筒，如灯芯插入小孔，勿使其突出滤纸面。

（2）展层：将层析溶剂放入直径为 3~5 cm 的干燥培养皿中，置于直径 10 cm 的培养皿正中。将滤纸平放在培养皿上，灯芯浸入溶剂中。将其用玻璃板盖上封闭，溶剂沿灯芯上升到滤纸，向四周扩展，约 45 min 后，溶剂前缘距滤纸边缘约 1 cm 时取出，划出溶剂前缘的轮廓，用吹风机吹干或在 60℃烘箱中烤干。

（3）显色：将滤纸平放于培养皿上，用喷雾器喷上 0.5% 茚三酮溶液，吹干或烘干后，可见紫色的同心弧色斑出现，每一个色斑代表一种氨基酸。

（4）计算每个样点的 R_f 值：分析实验结果。

若两人一组，可将层析滤纸沿 1、4 直线裁开，两人分别保存留用。

$$R_f = 点样点到色斑的距离 / 点样点到溶剂前沿的距离$$

【注意事项】

（1）所用动物肝一定要新鲜，充分研磨使细胞破碎，酶易释出。

（2）严格掌握温度及保温时间。

（3）应在同一位置重复点样，必须待吹干后方可再点下一滴。

（4）层析溶剂需当天配制，避免放置过久。

（5）滤纸芯卷得不要太紧，要呈圆筒状，否则展开时不呈圆形。

（6）在点样前应将手洗净，手只能拿滤纸的边缘，以免手指的汗迹等污染显色，影响对结果的分析。

（7）展开剂在滤纸上的各个方向移动速度不同，如顺纹理方向溶剂移动的速度要快点。因此，计算 R_f 时不能一概而论，要考虑影响。

【试剂与器材】

1. 试剂

（1）0.01 mol/L、pH 7.4 磷酸缓冲液：取 0.2 mol/L Na₂HPO₄ 溶液 81 mL 与 0.2 mol/L NaH₂PO₄

溶液 19 mL 混匀，用蒸馏水稀释 20 倍。

（2）0.1 mol/L 丙氨酸溶液：取丙氨酸 0.891 g 溶于 0.01 mol/L、pH 7.4 磷酸盐缓冲液中，以 1 mol/L 氢氧化钠溶液调节 pH 为 7.4，加磷酸盐缓冲液至 100 mL。

（3）0.1 mol/L α- 酮戊二酸溶液：称取 α- 酮戊二酸 1.461 g，溶于 0.01 mol/L、pH 7.4 磷酸盐缓冲液中，以 1 mol/L 氢氧化钠溶液调节 pH 为 7.4，加磷酸盐缓冲液至 100 mL。

（4）0.1 mol/L 谷氨酸溶液：称取谷氨酸 0.735 g，溶于 0.01 mol/L、pH 7.4 磷酸盐缓冲液中，以 1 mol/L 氢氧化钠溶液调节 pII 为 7.4，加磷酸盐缓冲液至 50 mL。

（5）0.5% 茚三酮溶液：称取茚三酮 0.5 g，溶于 100 mL 丙酮中。

（6）层析溶剂（正丁醇：80% 甲酸：水＝15：3：2）：混匀，现用现配。

2. 器材

①研钵；②试管、试管架；③滤纸、剪刀；④吹风机；⑤层析缸；⑥毛细管；⑦培养皿；⑧喷雾器。

实验 17　血清谷丙转氨酶的活性测定

【实验目的】

掌握血清谷丙转氨酶的测定原理和方法。

【实验原理】

丙氨酸在丙氨酸转氨酶（GPT）又称丙氨酸氨基转移酶（ALT）的存在下与 α- 酮戊二酸作用可生成丙酮酸和谷氨酸。

所生成的丙酮酸和 2，4- 二硝基苯肼作用形成丙酮酸二硝基苯腙，在碱性溶液中显红棕色，与经同样处理的丙酮酸标准液比色，可测定血清中 GPT 的活性。

【实验步骤】

取中试管 4 支，标号，按下表加入试剂。

试剂（mL）	标准管	标准空白管	测定管	测定空白管
丙酮酸标准液（1 mL＝100 μg）	0.1	—	—	
新鲜血清	—	—	0.1	0.1
底物液（37℃）	0.5	0.5	0.5	
0.1 mol/L 磷酸盐缓冲液（pH＝7.4）	—	0.1	—	—

续表

试剂（mL）	标准管	标准空白管	测定管	测定空白管
充分混合，将前 3 管置于 37℃水浴中保温 30 min				
2, 4- 二硝基苯肼	0.5	0.5	0.5	0.5
底物液	—	—	—	0.5
充分混合，置于 37℃水浴中保温 20 min				
0.4 mol/L NaOH 溶液	5.0	5.0	5.0	5.0

静置 10 min 后，用 520 nm 或绿色滤光片比色，以蒸馏水校正零点，读取各管吸光度（A）。

【计算】

本法规定的 GPT 活性单位的定义是：1 mL 血清于 37℃与底物作用 30 min，产生 2.5 μg 丙酮酸为 1 个 GPT 活性单位。

$$0.1\,mL\,血清所产生的丙酮酸\,\mu g\,数 = \frac{测定管吸光度 - 测定空白管吸光度}{标准管吸光度 - 标准空白管吸光度} \times 10$$

$$谷丙转氨酶的活力单位/mL = \frac{0.1\,mL\,血清所产生的丙酮酸（\mu g）}{2.5} \times \frac{1}{0.1}$$

正常值：2~40 单位。

【附注】

（1）2,4- 二硝基苯肼与丙酮酸的颜色反应是非特异性的，α- 酮戊二酸也能与其反应而显色。此外，2,4- 二硝基苯肼也有类似的颜色，因此空白管颜色较深。

（2）血清不能溶血，因红细胞内该酶活力较高，取血后尽快测定。

（3）测定结果与作用时间、温度、试剂 pH 有密切关系，操作时应准确。

（4）如酶活性计算结果超过 300 U 以上时，应将血清稀释后再测定，并将所得结果乘以稀释倍数。

（5）若查标准曲线以了解 GPT 活性单位，则只需做测定管及测定空白管后以吸光度的差值查标准曲线。

（6）标准曲线的制备：

取试管 12 支，标号，按下表加入试剂。

试剂	1	2	3	4	5	6	7	8	9	10	11	12
丙酮酸标准液（mL）	0.005	0.01	0.02	0.03	0.04	0.05	0.06	0.07	0.08	0.09	0.10	0
磷酸盐缓冲液（mL）	0.095	0.09	0.08	0.07	0.06	0.05	0.04	0.03	0.02	0.01	0	0.1
谷丙转氨酶或基质液（mL）	0.5	0.5	0.5	0.5	0.5	0.5	0.5	0.5	0.5	0.5	0.5	0.5
丙酮酸实际含量（μg）	5	10	20	30	40	50	60	70	80	90	100	0

置 37℃水浴中 30 min 取出，加 2,4- 二硝基苯肼溶液 0.5 mL 混匀，置于 37℃水浴中 20 min 取出，加入 0.4 mol/L NaOH 溶液 5 mL，静置 10 min，用 520 nm 或绿色滤光片比色，以蒸馏水校正零点，以各管吸光度为纵坐标，以 GPT 活性单位为横坐标，绘制标准曲线。

每管需做复管，取平均值作标准曲线，并可先将丙酮酸实际 μg 数换算成 GPT 活性单位。

【试剂与器材】

（1）0.1 mol/L 磷酸盐缓冲液（pH 7.4）：称取磷酸二氢钾 2.69 g，磷酸氢二钾 13.97 g，加蒸馏水溶解，定容至 100 mL，贮于 4℃冰箱中备用。

（2）底物液：L-丙氨酸 1.79 g，α-酮戊二酸 29.2 mg，先溶于约 50 mL 磷酸盐缓冲液中，然后以 1 mol/L NaOH 溶液校正至 pH 7.4，再以磷酸盐缓冲液稀释至 100 mL。加氯仿数滴防腐，储于 4℃冰箱中，可用 4 天。

（3）丙酮酸标准液（1 mL : 100 μg）：准确称取已干燥恒重的丙酮酸钠 12.64 mg，置于 100 mL 容量瓶中，以 pH 7.4 磷酸盐缓冲液定容至 100 mL，现用现配。

（4）2，4-二硝基苯肼溶液（0.02%）：2，4-硝基苯肼 20 mg，溶于 10 mol/L HCl 溶液 10 mL（或 4 mol/L HCl 溶液 25 mL）中，溶解后再加蒸馏水定容至 100 mL。

（5）0.4 mol/L NaOH 溶液。

实验 18　血清 γ-球蛋白的提纯

【实验目的】

掌握血清 γ-球蛋白的提纯（粗提）的原理、实验步骤及相关的实验方法。

【实验原理】

1. 蛋白质盐析的原理

蛋白质分子是生物大分子，其大小在胶体范围，在水中可形成亲水胶体，维持亲水胶体溶液的两个稳定因素是同种电荷与水化膜。破坏这两个或其中任何一个因素，能减弱胶体的稳定性，使蛋白质发生沉淀。

高浓度盐溶液在水溶液中电离，其正、负离子吸引水分子，从而夺取水化膜，还可中和部分电荷，不同程度地破坏稳定因素，使蛋白质凝聚、沉淀，称为蛋白质的盐析。

由于各种蛋白质颗粒大小、带电荷的多少及亲水程度的不同，对于同一种中性盐，其盐析所需最低浓度也不相同。球蛋白不溶于半饱和的 $(NH_4)_2SO_4$ 溶液，γ-球蛋白不溶于 1/3 饱和度的 $(NH_4)_2SO_4$ 溶液，清蛋白在大于 50% 的 $(NH_4)_2SO_4$ 溶液中会析出。因此利用不同浓度的硫酸铵溶液可将血清或其他混合蛋白液中的不同蛋白质分开。

2. 脱盐的原理

（1）凝胶过滤法

凝胶过滤亦称凝胶层析，是利用有一定孔径范围的多孔凝胶的层析技术。当样品流经凝胶的固定相时，不同分子大小的各组分便会因进入网孔受阻滞的程度不同而以不同的速度通过层析柱，从而达到分离的目的。

当样品通过层析柱时，相对分子质量较大的组分因为不能或较难通过网孔而进入凝胶颗粒，沿着凝胶颗粒间的间隙流动，流程较短，向前移动速度较快，受阻滞的程度较小，因而最先流出层析柱；反之，相对分子质量较小的组分，颗粒直径小，可通过网孔进入凝胶颗粒，流程长，移动速度慢，受阻滞的程度大，因而流出层析柱的时间较晚。本实验中使用盐析法提纯混有大量的 $(NH_4)_2SO_4$ 的 γ-球蛋白溶液，根据上述原理 γ-球蛋白先流出层析柱，$(NH_4)_2SO_4$ 后流出，从而达到使 γ-球蛋白脱盐的目的。

（2）透析法

透析法是利用蛋白质等生物大分子不能透过半透膜的纯化方法，可利用该方法分离大、小分子的混合物。NH_4^+ 和 NH_4^{2-} 可以透过半透膜，清蛋白不能，可用透析法使蛋白溶液脱盐。

3. 浓缩

利用半透膜还可以进行大分子溶液的浓缩。将盛有待浓缩的大分子溶液的透析袋放入高浓度吸水性强的多聚物溶液中，袋内溶液中的水即可迅速被袋外的多聚物吸收而有效浓缩。

【实验步骤】

1. 盐析

取离心管 1 支加入血清 2 mL，加入 PBS 2 mL 稀释血清，摇匀后，逐滴加入 pH 7.2 的饱和硫酸铵溶液 2 mL，边加边摇，静置半个小时，以 3000 r/min 转速离心 20 min。将上清液（主要含清蛋白）倾入试管中，留供后面实验用。

离心管底部的沉淀用 1 mL PBS 搅拌溶解，再滴加饱和硫酸铵溶液 0.5 mL（相当于 33% 浓度的硫酸铵溶液），摇匀后放置半个小时，以 3000 r/min 转速离心 20 min；倾倒上清液（主要含 α、β- 球蛋白），其沉淀即为初步纯化的 γ- 球蛋白。（如要得到更纯的 γ- 球蛋白，可重复盐析 1～2 次）

2. 脱盐

称取葡聚糖凝胶 G-25 4.0 g，放入 100 mL 烧杯中，加入蒸馏水 50 mL，用小火煮沸 1 h（注意：随时补充蒸馏水，以免煮干），静止冷却后倒出上层蒸馏水，加入 PBS 10 mL。将杯内的凝胶用玻璃棒轻轻搅拌悬起。倾入有少量玻璃棉（或尼龙布）堵住下口的 20 cm×1 cm 层析柱，层析柱下口套一段橡皮管。待全部凝胶都倾入柱内（注意凝胶要装填均匀，若分多次加入凝胶，应在加胶前将柱内凝胶顶部搅动悬起，再将凝胶液倾入）液面接近凝胶面时，用螺旋夹将橡皮管夹紧，在柱内凝胶面上平铺一小圆纸片，小心放松螺旋夹，使液体缓慢流出，到液面已全部流入凝胶面时，将螺旋夹扭紧，装柱工作即告完成，可供脱盐使用。

在盛有 γ- 球蛋白沉淀物的离心管内，加入 PBS 10 滴并用玻璃棒轻轻搅拌，至全部沉淀物溶解后用滴管吸取 γ- 球蛋白溶液，将滴管插入凝胶柱内，滴管口靠近凝胶面缓慢滴入全部蛋白溶液，小心松开螺旋夹，使液体流速控制在每分钟 5 滴左右，待全部蛋白质溶液流入凝胶层后，用滴管轻轻在靠近凝胶面处加入 PBS 1 mL（注意不要搅动凝胶面）。待大部分液体流入凝胶柱后，陆续加入 PBS 5～10 mL。

准备 12 支干净的小试管用于收集凝胶柱流出液，每收集 20 滴换 1 支试管，直到全部试管都收集到流出液后，将螺旋夹拧紧，供后续实验。

准备干净的反应板两块。每块反应板各孔加入试管收集的液体 1 滴，在一块反应板每孔再加入奈氏试剂（Neseler's reagent）（检查 NH_4^+ 的试剂，在 NH_4^+ 存在时，呈黄色到橙色）1 滴，记录下各孔的颜色变化，以（－）、（＋）、（＋＋）、（＋＋＋）表示不呈色或呈色深浅的变化。另一块反应板每孔各加双缩脲试剂 1 滴，观察双缩脲反应的呈色深浅，用上述符号记录各管的颜色变化。将呈色最深的孔对应的管内液体留供聚丙烯酰胺凝胶电泳检查纯度及浓缩实验使用。

实验后，将层析柱内凝胶倾入回收瓶中，留供以后的实验用。

3. 透析与浓缩

取玻璃纸（15 cm×15 cm）一张，折成袋形，将第一次盐析得到的含清蛋白溶液倾入袋内，用线绳系紧上口，用玻璃棒悬在盛有半杯蒸馏水的 100 mL 烧杯内，使透析袋下半部浸入水中。

将杯放在微振荡器上振荡 1 h 以上（中间换水 1～2 次）。将透析袋取下，小心将线绳解开，用滴管吸出袋内液体，放入干净试管中，用双缩脲试剂分别检查袋内外的液体蛋白质，用奈氏试剂检查袋外（烧杯中）液体的 NH_4^+，观察透析法除盐的效果。这种方法亦可用于其他蛋白质（如 γ- 球蛋白）脱盐。

另取玻璃纸一张，同上法将前面凝胶过滤得到的 γ- 球蛋白溶液放入透析袋内，悬于盛有 10 mL 浓蔗糖或聚乙二醇溶液的小烧杯内，同样振荡 1 h 以上，观察袋内液体体积的变化。小心收集袋内液体入小瓶内，置冰箱保存，供以后试验用。

【试剂与器材】

1. 试剂

（1）兔血清。

（2）PBS（磷酸盐缓冲生理盐水）（phosphate buffer saline）：NaCl 137 mmol/L，KCl 2.7 mmol/L，Na_2HPO_4 10 mmol/L，KH_2PO_4 2 mmol/L。

（3）pH 7.2 饱和硫酸铵溶液：用浓氨水将饱和硫酸铵溶液调 pH 到 7.2。

（4）葡聚糖凝胶 G-25。

（5）奈氏试剂：称 105 g KI 放于 500 mL 三角烧杯内，加 11 g I_2 与 100 mL 蒸馏水。待溶化后，加汞 150 g，剧烈振摇 7～10 min，至 I_2 红色将近消失，用冷水冲洗烧瓶使之冷却，继续振摇到红色褪尽而绿色出现为止。以上操作最好不超过 15 min。倾倒出上清液，用少量蒸馏水冲洗剩余汞。洗液与上清液合并，用水稀释至 2000 mL，为奈氏试剂储存液。储存于棕色瓶中，可长期使用。

取奈氏试剂储存液 150 mL，加蒸馏水 150 mL，加无 Na_2CO_3 的 10% NaOH 700 mL 混匀。如显浑浊可静止取上清液，即为奈氏试剂应用液，要储存在棕色瓶中。此试剂的酸碱度极为重要。可取 1 mol/L HCl 溶液 20 mL，加酚酞指示剂 2 滴，用奈氏试剂滴至终点，奈氏试剂最适消耗数为 11.0～11.1 mL。低于 9 mL 则碱性太强，显色时易生红色沉淀；高于 11.5 mL 则酸性太强，显色时呈色太浅。

无 Na_2CO_3 的 10% NaOH 配置法：称取 NaOH 550 g 于大烧瓶内，加蒸馏水 500 mL 混合，使溶液放置数日，待 Na_2CO_3 沉淀后，取上清液（此为饱和 NaOH 溶液）稀释 20 倍。用 1 mol/L H_2SO_4 溶液滴定并计算出饱和 NaOH 溶液的浓度，然后正确稀释至 10% 溶液。

（6）双缩脲试剂。

（7）蔗糖粉。

2. 器材

①离心机；②反应板；③1 cm×20 cm 层析柱；④半透膜；⑤烧杯；⑥玻璃棒；⑦滴管；⑧层析柱铁架台；⑨碟形夹；⑩1 cm×10 cm 试管；⑪试管架。

实验 19 SDS- 聚丙烯酰胺凝胶电泳法测定蛋白质的相对分子质量

【实验目的】

1. 了解 SDS- 聚丙烯酰胺凝胶电泳法测定蛋白质相对分子质量的原理、方法和意义。
2. 掌握 SDS- 聚丙烯酰胺凝胶电泳法的操作过程。

【实验原理】

SDS- 聚丙烯酰胺凝胶电泳是最常用的定性分析蛋白质的电泳方法，特别是用于蛋白质纯度检测和相对分子质量的测定。蛋白质各组分的电泳迁移率与其所带静电荷、分子大小和形状有关。SDS 即十二烷基磺酸钠，是一种阴离子去污剂。由于 SDS 带有大量负电荷，当其与蛋白质结合时，所带的负电荷大大超过了蛋白质原有的负电荷，能使不同种类蛋白质均带有相同密度的负电荷，因而消除或掩盖了蛋白质原有电荷的差异。在蛋白质溶液中，加入 SDS 和巯基乙醇，巯基乙醇可以断开半胱氨酸残基之间的二硫键，破坏蛋白质的四级结构；SDS 则可使蛋白质的氢键、疏水键打开，引起蛋白质构象的变化，形成近似雪茄形的长椭圆棒状蛋白质 -SDS 复合物。不同种类蛋白质的蛋白质 -SDS 复合物的短轴相同，约为 1.8 nm，而长轴则与蛋白质的相对分子质量（M_W）成正比。这样，不同种类蛋白质的蛋白质 -SDS 复合物在凝胶电泳中的迁移率不受蛋白质原有电荷和形状的影响，只与椭圆棒的长度，即蛋白质的相对分子质量有关。聚丙烯酰胺凝胶是单体丙烯酰胺（Acr）和交联剂 N, N- 甲叉双丙烯酰胺（Bis）在加速剂和催化剂的作用下聚合联结成具有三维网状结构的凝胶。常用的催化剂是过硫酸铵（AP），加速剂为四甲基乙二胺

（TEMED）。

当蛋白质的相对分子质量在 11 700～16 500 之间时，蛋白质 -SDS 复合物的电泳迁移率与蛋白质的相对分子质量的对数呈线性关系，符合直线方程式：

$$\lg M_W = -bx + k$$

式中：M_W 为蛋白质的相对分子质量；x 为蛋白 -SDS 复合物电泳相对迁移率；k、b 均为常数。将已知相对分子质量的标准蛋白质在 SDS- 聚丙烯酰胺凝胶中的电泳迁移率对相对分子质量的对数作图，即可得到一条标准曲线，只要测得未知相对分子质量的蛋白质在相同条件下的电泳迁移率，即能根据标准曲线求得其相对分子质量。Weber 的实验指出，在 5% 的凝胶中，相对分子质量为 25 000～200 000 的蛋白质，其相对分子质量的对数与迁移率呈直线关系；在 10% 的凝胶中，相对分子质量为 10 000～70 000 的蛋白质，其相对分子质量的对数与迁移率呈直线关系；在 15% 凝胶中，相对分子质量 10 000～50 000 的蛋白质，其相对分子质量的对数与迁移率呈直线关系。根据标准蛋白质相对分子质量的对数与迁移率所做的曲线，求得未知蛋白质的相对分子质量。

SDS-PAGE 缓冲系统有连续系统和不连续系统。不连续 SDS-PAGE 缓冲系统有较好的浓缩效应，按所制成的凝胶形状又有垂直板状电泳和垂直柱状电泳。本实验采用 SDS-PAGE 不连续系统垂直板凝胶电泳测定蛋白质的相对分子质量。

上样缓冲液中通常加入溴酚蓝染料，用于控制电泳过程。此外，上样缓冲液中还可加入适量蔗糖或甘油增大溶液密度，便于加样时样品溶液沉入样品加样槽的底部。

【实验步骤】

1. 凝胶模的准备

清洗干净，用纱布擦干。压好胶条，固定好（图 13）。

（1）制备分离胶：每个胶板配制 5 mL，根据标准相对分子质量蛋白和待测蛋白样品在一小烧杯中配制一定浓度一定体积的分离胶。

（2）灌注分离胶：迅速在两玻璃板的间隙中灌注，留出灌注浓缩胶所需空间（梳子的齿长再加 0.5 cm）。再在胶液面上小心注入一层水（2～3 mm 高）。聚合约 30 min 聚丙烯酰胺凝胶，倾出覆盖水层，再用滤纸条吸净残留水。

（3）聚丙烯酰胺凝胶制备 5% 浓缩胶：每个胶板制备 2.5 mL。

图 13　电泳装置

（4）灌注浓缩胶：在聚合的分离胶上直接灌注浓缩胶，立即在浓缩胶溶液中插入干净的梳子。小心避免混入气泡，将凝胶垂直放置于室温下，聚合约 30 min。

（5）小心移出梳子，去掉胶条，把凝胶板固定于电泳装置上，底面向内。

（6）内外槽各加入 Tris-甘氨酸电泳缓冲液。必须设法排出凝胶底部两玻璃板之间的气泡。

2. 上样

（1）将待电泳的蛋白质样品及标准蛋白分别与等体积的上样缓冲液混合，然后 100℃加热 5 min。

（2）在电泳槽上下加入电泳缓冲液，电泳缓冲液要盖过胶管口，检查是否泄漏，并排除两玻璃板间的气泡。

（3）每板 10 个泳道，每组按预订设计的加样顺序上样，一般上样量 10～20 μL，每个凝胶板留一个泳道上标准蛋白质。

注：上样速度要快，不要串道。待测样品蛋白质浓度 2 mg/mL。

3. 电泳

（1）将电泳装置与电源相接，开始时电压为 8 V/cm 凝胶，当染料进入分离胶后，将电压增加到 15 V/cm 凝胶，继续电泳直至溴酚蓝到达分离胶底部上方约 1 cm，关闭电源。

（2）从电泳装置上卸下玻璃板，取下凝胶，用刮勺撬开玻璃板。小心取出凝胶。

4. 染色与脱色

取下凝胶放入染色液中浸泡，室温摇动 3～4 h，用脱色液脱色 4～8 h，直到满意为止。

脱色后，可将凝胶浸于水中，或长期封装在塑料袋内而不降低染色强度。为永久性记录，可对凝胶进行拍照，或将凝胶干燥成胶片。

【实验结果与分析】

1. 电泳迁移率的计算

$$相对迁移率 X = \frac{蛋白质样品移动距离（cm）}{指示剂移动距离（cm）}$$

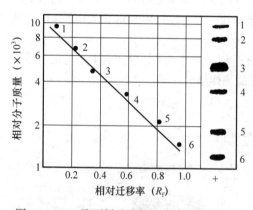

图 14　SDS- 聚丙烯酰胺凝胶电泳法测定蛋白质的相对分子质量

1. 磷酸化酶 b（M_w：94 000）；2. 牛血清清蛋白（M_w：67 000）；3. 卵清蛋白（M_w：43 000）；4. 碳酸酐酶（M_w：30 000）；5. 大豆胰蛋白酶抑制剂（M_w：20 100）；6. α- 乳清蛋白（M_w：14 400）。

2. 标准曲线的制作

以各蛋白质样品的相对迁移率为横坐标，蛋白质相对分子质量的对数为纵坐标在半对数坐标纸上作图，可得到一条标准曲线（图 14）。

3. 求待测蛋白质样品的相对分子质量

根据待测蛋白样品的相对迁移率直接从标准曲线上查得该蛋白质相对的相对分子质量。

【试剂与器材】

1. 试剂

（1）凝胶储备液（A 液）：丙烯酰胺（acryl-amide，Acr）22.2 g，甲叉双丙烯酰胺（N, N'-methylene-bisacrylamide，Bis）0.6 g 溶于蒸馏水，稀释至 100 mL。

（2）凝胶缓冲液（B 液）：（0.2 mol/L，pH 7.2）：51.6 g $Na_2HPO_4 \cdot 12H_2O$，8.82 g $NaH_2PO_4 \cdot 2H_2O$ 及 2.0 g SDS 溶于 800 mL 水中，用 pH 计调至 pH 7.2。用蒸馏水稀释至 1000 mL。

（3）过硫酸铵溶液（C 液）：15%（m/V）水溶液，在临用前新鲜配制。

（4）样品溶解液：0.01 mol/L、pH 7.2 的磷酸盐缓冲液，内含 1% SDS、1% 巯基乙醇、10% 甘油、0.02% 溴酚蓝，用于溶解标准蛋白质及待测蛋白质样品。

此溶液要求临用前配制，具体配方如下：SDS100 mg，巯基乙醇 0.1 mL，甘油 1.0 mL，溴酚蓝 2 mg，0.2 mol/L、pH 7.2 磷酸盐缓冲液 0.5 mL，加蒸馏水至 10 mL。

（5）电泳缓冲液：将 B 液用蒸馏水稀释 1 倍即成。

（6）染色液：取 1.25 g 考马斯亮蓝 R-250 溶于 454 mL 50% 甲醇和 46 mL 冰乙酸混合液中。

（7）脱色液：甲醇 50 mL，冰乙酸 75 mL，加蒸馏水至 1000 mL。

（8）N, N, N', N'- 四甲基乙二胺（TEMED）、丙烯酰胺（Acr）甲叉双丙烯酰胺（Bis）。

（9）标准蛋白质：测定蛋白质相对分子质量用低相对分子质量标准蛋白质，如牛血清清蛋白（67 000）、卵清蛋白（43 000）、碳酸酐酶（30 000）、大豆胰蛋白酶抑制剂（20 100）、α- 乳清蛋白（14 400）等。

（10）分离胶的配制：按下表配制。

试剂（mL）	6%	8%	10%	12%	15%
双蒸水	26.5	23.2	19.8	16.5	11.5
30% 凝胶溶液	10.0	13.3	16.7	20.0	25.0
1.5 mol/L Tris-HCl（pH 8.8）	12.5	12.5	12.5	12.5	12.5
10%SDS 溶液	0.5	0.5	0.5	0.5	0.5
10% 过硫酸铵溶液	0.5	0.5	0.5	0.5	0.5
TEMED	0.04	0.03	0.02	0.02	0.02
总容积	50	50	50	50	50

注：应按顺序加入各成分，当加入 TEMED 后应立即灌胶于玻璃板之间，否则胶将很快凝聚。

（11）5% 浓缩胶的配制：按下表配制。

双蒸水	6.8 mL	10% 过硫酸铵溶液	0.1 mL
30% 凝胶溶液	1.7 mL	TEMED	0.01 mL
1.0 mol/L Tris-HCl（pH 6.8）	1.25 mL	总容积	10 mL
10%SDS 溶液	0.1 mL		

（12）标准蛋白质（纯品）：标准蛋白质的相对分子质量见下表。

	标准蛋白质	相对分子质量		标准蛋白质	相对分子质量
1	磷酸化酶	94 000	4	碳酸酐酶	30 000
2	牛血清清蛋白	67 000	5	大豆胰蛋白酶抑制剂	20 100
3	卵清蛋白	43 000	6	α- 乳清蛋白	14 400

2. 器材

①电泳仪；②垂直板型电泳装置；③注射器；④滤纸；⑤白瓷盘；⑥烧杯；⑦微量进样器。

【注意事项】

（1）丙烯酰胺和 SDS 的纯度直接影响实验结果的准确性。因此，未注明重结晶的丙烯酰胺和 SDS 试剂应进行重结晶。重结晶方法如下。

① 丙烯酰胺的重结晶：将丙烯酰胺溶于 50℃氯仿中（70 g/L）热过滤，慢慢冷却，−20℃用布氏漏斗过滤收集结晶。用冷氯仿淋洗，真空干燥。

② SDS 的重结晶：每克 SDS 加水 1 mL，在 45℃保温，使之完全溶解，加 6 倍体积的 95% 乙醇，在 4℃过夜。离心收集结晶体，用乙醚洗 2 次即成。

（2）丙烯酰胺和亚甲基丙烯酰胺是神经性毒剂，对皮肤有刺激作用，配试剂时可戴医用手套，以避免与皮肤接触。

（3）SDS 缓冲液在低温保存时易产生沉淀，SDS 电泳应在室温下进行。

（4）完毕后，上下槽电泳缓冲液不要混匀，因离子强度和 pH 都已发生改变。

（5）过硫酸铵溶液要新鲜配制。

（6）聚合的时间与温度有关，如室温低于 10℃聚合时间将延长。

第3部分　分子生物学基本实验方法

实验 1　基因组 DNA 的分离提取

【实验目的】

掌握 DNA 提取方法。

【实验原理】

真核细胞 DNA 分子以核蛋白形式存在于细胞核中，制备 DNA 的原则是既要将 DNA 与蛋白质、脂类和糖类等分离，又要保持 DNA 分子的完整性。蛋白酶 K 在 SDS 和 EDTA 存在的条件下将蛋白降解成小肽或氨基酸，从而使 DNA 与核蛋白分开。通常采用酚／氯仿抽提法提取真核细胞基因组 DNA。

用全血制备白细胞 DNA 时，采用非离子去污剂 TritonX-100 直接破裂红细胞和白细胞膜，释放血红蛋白及细胞核，用 SDS 破坏细胞膜、核膜，用 EDTA 抑制细胞中 DNasa 活性，用酚／氯仿抽提除去蛋白质，再用氯仿抽提除去 DNA 溶液中微量酚的污染，最后用无水乙醇沉淀 DNA，即可获得白细胞 DNA。下面以全血细胞为例，介绍真核细胞 DNA 的抽提方法。

【实验步骤】

（1）采全血 0.3 mL，加入 EDTA 抗凝于 1.5 mL Eppendorf 管中。

（2）加入 1 mL STMT 溶液，充分混匀，使其溶血。

（3）以 12 000 r/min 转速离心 2 min，弃去上清液。

（4）用 0.4 mL NaCl 溶液洗涤沉淀 1 次，以 12 000 r/min 转速离心 2 min，弃去上清液。

（5）加 0.45 mL NE 溶液，将沉淀重新悬浮。

（6）加 10% SDS 30 μL，迅速混匀，再加 50 μL 蛋白酶 K，轻轻颠倒摇匀后置 50℃水浴 1 h。

（7）加 TE 饱和酚溶液 500 μL，轻摇 1 min，以 12 000 r/min 转速离心 10 min。将上层水相移至另一试管内。

（8）加等体积 TE 饱和酚溶液和氯仿-异戊醇混合液（1∶1），同上离心，取上层水相。

（9）加等体积氯仿-异戊醇混合液，再抽提一次，同上离心，取上层水相。

（10）加 1/10 体积（约 50 μL）NaAc 于上清液中并混匀。

（11）加 2～2.5 倍体积（约 1 mL）无水乙醇，置－20℃ 1 h 或－70℃ 15 min。

（12）以 12 000 r/min 转速离心 10 min，弃去上清液。将离心管倒置滤纸上，除去残余乙醇，加入 30 μL 双蒸水，65℃溶解 DNA。

（13）琼脂糖凝胶电泳鉴定：将 DNA 样品 10 μL 加 6× 上样缓冲液 2 μL（含溴酚蓝指示剂和甘油），在 0.8% 琼脂糖凝胶中进行电泳。电压 100 V、时间 30 min 左右。取出凝胶，在紫外灯 254～365 nm 下观察，可见橘红色的 DNA 区带。

【试剂与器材】

1. 试剂

（1）STMT 溶液：0.32 mol/L 蔗糖、1% TritonX-100、0.5 mmol/L $MgCl_2$、10 mmol/L Tris-HCl（pH 8.0）缓冲液。

（2）0.9% NaCl 溶液。

（3）NE 溶液：75 mmol/L NaCl 溶液、24 mmol/L EDTA 溶液（pH 8.0）。

（4）10% SDS（十二烷基磺酸钠）溶液。

（5）20 mg/mL 蛋白酶 K（－20℃储存）。

（6）TE 饱和重蒸酚（pH 8.0）。

（7）氯仿：异戊醇（$V : V = 24 : 1$）。

（8）3 mol/L NaAc 溶液（pH 5.2）。

（9）无水乙醇。

（10）70% 乙醇。

（11）上样缓冲液。

（12）20×TAE 缓冲液：0.8 mol/L Tris、0.4 mol/L NaAc 溶液、0.04 mol/L Na_2EDTA 溶液（用冰乙酸调至 pH 8.3）。

（13）琼脂糖凝胶：0.7% 琼脂糖 1.05 g，20×TAE，7.5 mL 双蒸水。微波加热 2 min 降温到 60℃时，加 EB（15 mL 加 4 μL）。

（14）EB。

（15）重蒸水。

2. 器材

①电泳仪、电泳槽；②紫外反射透射仪；③冰箱；④高速离心机；⑤电恒温水浴锅；⑥微量移液器；⑦吸量管；⑧离心管等。

实验 2 　质粒 DNA 的提取

【实验目的】

掌握碱变性法提取质粒 DNA 的原理和方法。

【实验原理】

采用碱变性法从大肠杆菌细胞小量提取质粒 DNA，方法操作简便，制备的质粒 DNA 纯度和浓度较高。该法是基于染色体 DNA 与质粒 DNA 的变性与复性的差异而达到分离的目的。在 pH＞12 的碱性条件下，染色体 DNA 的氢键断裂，双螺旋结构解开而变性。质粒 DNA 的大部分氢键也断裂，但超螺旋共价闭合环状结构的两条互补链不会完全分离，当以 pH 5.2 的乙酸钠高盐缓冲液调节其 pH 至中性时，变性的质粒 DNA 又恢复到原来的构型，保存在溶液中，而染色体 DNA 不能复性而形成缠连的网状结构，通过离心，染色体 DNA 与不稳定的大分子 RNA、蛋白质-SDS 复合物等一起沉淀下来而被除去。

【实验步骤】

（1）挑取一个在 LB 固体培养基平板上生长的含 pUC19 质粒的大肠杆菌，接在含有 100 μg/mL 氨苄青霉素（Amp）的 LB 液体培养基（5 mL/15 mL 试管）中，37℃振摇培养过夜。

（2）将 1.5 mL 菌液加入微离心管中，以 12 000 r/min 转速离心 2 min，弃去上清液。反复数次，收集全部菌体。

（3）倾去上清液，滤纸吸干。

（4）加 30 μL TE 缓冲液（10 mmol/L Tris-HCl，1 mmol/L EDTA，pH 8.0），重悬菌体。

（5）加 300 μL TENS 溶液（10 mmol/L Tris-HCl，pH 8.0，0.1 mmol/L EDTA 溶液，0.1 mol/L NaOH 溶液，0.5% SDS）振荡 10 min 至溶液变黏稠。

（6）加 150 μL 3.0 mol/L NaAc 溶液，振荡 3～5 s，以 12 000 r/min 转速离心 5 min，沉淀细胞碎片及染色体 DNA。

（7）上清液转移至另一微离心管中，加等体积饱和酚，混匀，以 12 000 r/min 转速离心 5 min。

（8）上层水相转至另一微离心管中，加 2 倍量冷无水乙醇，以 12 000 r/min 转速离心 20 min。

（9）倾去乙醇，加入 70% 冷乙醇淋洗。

（10）倾去乙醇，用滤纸吸干。

（11）加入 20 μL TE 缓冲液，溶解 DNA。

（12）样品放 −20℃ 冰箱保存备用。

【试剂与器材】

1. 试剂

（1）TE 缓冲液（10 mmol/L Tris-HCl，1 mmol/L EDTA，pH 8.0）

配制方法：Tris 1.211 g，EDTANa$_2$ 0.037 g，用 800 mL 重蒸水溶解，用分析纯盐酸调整 pH 至 8.0，加重蒸水定容至 1000 mL。

（2）TENS 溶液：（10 mmol/L Tris-HCl，pH 8.0，0.1 mmol/L EDTA，0.1 mol/L NaOH，0.5%SDS）

配制方法：NaOH 0.4 g，SDS 0.5 g，加 80 mL TE 缓冲液溶解，加 TE 缓冲液定容至 100 mL。

（3）3.0 mmol/L 乙酸钠溶液（pH 5.2）

配制方法：乙酸钠 24.6 g，用 70 mL 重蒸水溶解，再用冰乙酸调 pH 至 5.2，加重蒸水定容至 100 mL。

（4）饱和酚：纯净的酚使用时不需要重蒸。市售的酚一般为红色或黄色结晶体，使用之前必须重蒸，除去能引起 DNA 和 RNA 断裂和聚合的杂质。将苯酚置于 65℃ 水浴中溶解，重新进行蒸馏，当温度升至 183℃ 时，开始收集在若干个棕色瓶中，纯酚和重蒸酚都应储存在 −20℃ 冰箱中。使用前取一瓶重蒸酚于分液漏斗中，加入等体积的 1 mol/L Tris-HCl（pH 8.0）缓冲液，立即加盖，剧烈振荡，并加入固体 Tris 摇匀，调 pH（100 mL 苯酚约加 1 g 固体 Tris）分层后测上层水相 pH 至 7.6～8。从分液漏斗中放出下层酚相于棕色瓶中，并加一定体积 0.1 mol/L Tris-HCl（pH 8.0）覆盖在酚相上，置 4℃ 冰箱储存备用。酚是强腐蚀剂，能引起腐蚀性损伤，操作时应戴上眼镜和手套。如果皮肤溅上了酚，应用大量水冲洗或用肥皂水冲洗。酚在空气中极易氧化变红，要随时加盖，也可加入抗氧化剂 0.1% 8- 羟基喹啉及 0.2% β- 巯基乙醇。

（5）无水乙醇：置 −20℃ 冰箱中保存备用。

（6）70% 乙醇：置 −20℃ 冰箱中保存备用。

2. 材料

（1）菌种：大肠杆菌（pUC57）。

（2）培养基：即 LB 液体培养基，精解蛋白胨 3 g、酵母浸出粉 1.5 g、氯化钠 3 g、葡萄糖 0.6 g。

按上述配方用重蒸水（ddH$_2$O 或 dH$_2$O 表示，下同）溶解至 300 mL。用 10 mol/L NaOH 溶液调 pH 至 7.2～7.4。分装于 15 mL 试管中，每支 5 mL。然后置高压蒸汽消毒锅以 1 kg/cm^2 灭菌 20 min。

（3）抗生素：氨苄青霉素（Amp）临用时用无菌水配制在无菌有盖试管中，浓度为 100 mg/mL。

3. 仪器

①恒温振荡器；②−20℃ 低温冰箱；③真空泵；④台式高速离心机。

实验 3　核酸浓度的测定

【实验目的】

掌握紫外分光光度计的使用及核酸纯度鉴定的原理和方法。

【实验原理】

核酸因碱基含有共轭双键，具有一定的紫外光吸收特性，其最大吸收峰的波长为 260 nm。这个物理特性是测定核酸溶液浓度的基础。在波长 260 nm 紫外光下，光程为 1 cm，$A_{260}=1$ 时，双链 DNA 浓度为 50 μg/mL，单链 DNA 或 RNA 为 40 μg/mL，单链寡核苷酸为 20 μg/mL。虽然该值随着核酸中碱基组成不同而稍有变化，但这种变化可忽略不计。紫外分光光度法可用于测定浓度大于 0.25 μg/mL 的核酸浓度。

核酸样品的常见杂质中，蛋白质在 280 nm 有强吸收，肽、盐和其他小分子物质在 230 nm 有强吸收。因此，可通过测定样品在 260 nm 和 280 nm 的紫外光吸收值的比值（A_{260}/A_{280}）来估计核酸的纯度。纯净的 DNA 制品的比值为 1.8，RNA 为 2.0。若 DNA 的比值高于 1.8，说明制品中 RNA 尚未除尽。RNA、DNA 溶液中含有酚和蛋白质将导致比值降低。270 nm 存在高吸收峰表明有酚干扰。

DNA 浓度计算公式（光程 1 cm）：

$$C（μg/mL）= A_{260} × 稀释倍数 × 50 μg/mL$$

【实验步骤】

（1）取 5～10 μL DNA 样品，用水稀释至 1 mL。混匀后加入石英比色杯中。

（2）分光光度计用水校正零点。

（3）在 260 nm 和 280 nm 分别 3 次读取吸光度，取其平均值。

（4）根据稀释倍数计算 DNA 浓度。

【讨论】

若为 DNA 样品，OD_{260}/OD_{280} 比值大于 1.8，说明仍存在 RNA，可以考虑用 RNA 酶处理样品；小于 1.6，说明样品中存在蛋白质或酚，用苯酚-氯仿抽提，乙醇沉淀，纯化 DNA。

RNA 样品 OD_{260}/OD_{280} 比值小于 2，应考虑再用苯酚-氯仿抽提。

当然也会发现既含蛋白质又含 RNA 的 DNA 溶液比值为 1.8 的情况，所以有必要结合凝胶电泳等方法鉴定有无 RNA 或用测定蛋白质的方法检测是否存在蛋白质。

【仪器】

紫外分光光度计，使用前预热稳定 30 min。

[附] 荧光法测定核酸浓度

嵌入 DNA 或 RNA 分子中的荧光染料溴化乙锭（EB）在紫外光激发下可发出橘红色荧光，其荧光强度与 DNA 或 RNA 含量成正比。通过比较样品与一系列标准品的荧光强度，可对样品中的 DNA 或 RNA 进行定量，灵敏度可达 1～5 ng。此法的比较是基于目测，所以是估计水平，如果提高精确性，可于紫外荧光摄影后进行光密度扫描进行定量。

常用荧光法测定核酸浓度的方法有塑料薄膜法（Saran Wrap）、琼脂糖平板法、微型凝胶电泳法等，在这里不做一一介绍。

实验 4 琼脂糖凝胶电泳检测 DNA

【实验目的】

通过本实验学习琼脂糖凝胶电泳检测 DNA 的原理和方法。

【实验原理】

DNA 分子在琼脂糖凝胶中泳动时有电荷效应和分子筛效应。DNA 分子在高于等电点的 pH 溶液中带负电荷，在电场中向正极移动。由于糖-磷酸骨架在结构上的重复性质，相同数量的双链 DNA 几乎具有等量的净电荷，因此能以同样的速度向正极方向移动。在一定的电场强度下，DNA 分子的迁移速率取决于 DNA 分子本身的大小和构型。具有不同的相对分子质量的 DNA 片段泳动速率不一样，DNA 分子的迁移速率与相对分子质量的对数值成反比关系。凝胶电泳不仅可分离不同相对分子质量的 DNA，也可以分离相对分子质量相同，但构型不同的 DNA 分子。如实验 2 提取的 pUC19 质粒，有 3 种构型：超螺旋的共价闭合环状质粒 DNA（covalently closed circular DNA，CCCDNA），开环质粒 DNA，即共价闭合环状质粒 DNA 中

1 条链断裂（open circular DNA，OCDNA），线状质粒 DNA，即共价闭合环状质粒 DNA 中 2 条链发生断裂（linear DNA，L DNA）。这 3 种构型的质粒 DNA 分子在凝胶电泳中的迁移率不同，因此电泳后呈 3 条带，超螺旋质粒 DNA 泳动最快，其次为线状质粒 DNA，最慢的为开环质粒 DNA。

【实验步骤】

1. 制备琼脂糖凝胶

按照被分离 DNA 的大小，决定凝胶中琼脂糖的百分含量，可参照下表制备。

琼脂糖凝胶浓度（%）	线性 DNA 的有效分离范围（kb）	琼脂糖凝胶浓度（%）	线性 DNA 的有效分离范围（kb）
0.3	5～60	1.2	0.4～6
0.6	1～20	1.5	0.2～4
0.7	0.8～10	2.0	0.1～3
0.9	0.5～7		

称取 0.3 g 琼脂糖，加入锥形瓶中，加入 30 mL 1×TBE 缓冲液，置微波炉或水浴加热至完全融化，取出摇匀，则为 1% 琼脂糖凝胶液。

2. 胶板的制备

（1）取有机玻璃内槽，洗净，晾干，用橡皮膏将有机玻璃内槽的两端边缘封好（一定封严，不能留缝隙）。

（2）将有机玻璃内槽放置于水平位置，放好样品梳子。

（3）将冷却到 60℃ 左右的琼脂糖凝胶液，缓缓倒入有机玻璃内槽，形成均匀的胶面（注意不要形成气泡）。

（4）待胶凝固后，取出梳子，取下橡皮膏，放在电泳槽内。

（5）加入电泳缓冲液至电泳槽中。

3. 加样

用移液器将已加入上样缓冲液的 DNA 样品加入加样孔（记录点样顺序及点样量）。

4. 电泳

（1）接通电泳槽与电泳仪的电源（注意正负极，DNA 片段从负极向正极移动）。DNA 迁移速率与电压成正比，最高电压不超过 5 V/cm。

（2）当溴酚蓝染料移动到距凝胶前沿 1～2 cm 处，停止电泳。

【实验结果】

在紫外灯（360 nm，312 nm 或 254 nm）下观察染色后的电泳凝胶（图 15）。DNA 存在处应显出橘红色荧光条带（在紫外灯下观察时应戴上防护眼镜，紫外线对眼睛有伤害）。

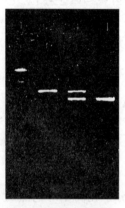
(a)结果照片图

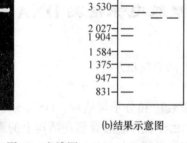
(b)结果示意图

图 15　电泳图

1. DNA 相对分子质量标准物（marker）；2. pUC19 质粒 DNA 经 *EcoR* I 完全酶解；3. pUC19 质粒 DNA 经 *EcoR* I 部分酶解；4. 自提的 pUC19 质粒 DNA（此结果提得较好，为 1 条带，以超螺旋质粒 DNA 为主。有时结果是 3 条带，分别为超螺旋质粒、线状质粒和开环质粒，还有时结果为 2 条带）

【试剂与器材】

1. 试剂

（1）5×TBE（5 倍体积的 TBE 储存液）

配 1000 mL 5×TBE：Tris 54 g，硼酸 27.5 g，0.5 mol/L EDTA 溶液 20 mL、pH 8.0。

（2）凝胶加样缓冲液（6×）：溴酚蓝 0.25%，蔗糖 40%。

（3）琼脂糖。

（4）溴化乙锭（EB）溶液 0.5 μg/mL。

2. 材料

①三羟甲基氨基甲烷（Tris）；②硼酸；③乙二胺四乙酸（EDTA）；④溴酚蓝；⑤蔗糖；⑥琼脂糖；⑦溴化乙锭；⑧ DNA marker；⑨ pUC19 质粒。

3. 仪器

①恒温培养箱；②琼脂糖凝胶电泳仪；③台式离心机；④高压灭菌锅；⑤紫外线透射仪。

实验 5　DNA 的酶切

【实验目的】

掌握限制性内切酶的切割原理、作用特点，了解影响酶切反应的因素。

【实验原理】

Ⅱ型限制性核酸内切酶是分子生物学中极其重要的工具酶。在一定条件下（如 Mg^{2+}、Na^+ 浓度及温度等），它能在特异的位点识别和切割 DNA。如 Hind Ⅲ 的识别序列为：

$$5'\cdots\cdots\text{A}\downarrow\text{AGCT}\quad\text{T}\cdots\cdots 3'$$
$$3'\cdots\cdots\text{T}\quad\text{TCGA}\uparrow\text{A}\cdots\cdots 5'$$

本实验用 Hind Ⅲ 酶切 λDNA 以制备 DNA 片段长度的标准物并熟悉限制性内切酶消化 DNA 过程。已知 λDNA 分子中有 7 个 Hind Ⅲ 识别位点，因此，用 Hind Ⅲ 完全酶切 λDNA 时将产生 8 个片段，分别为：23 130，9416，6557，4361，2322，2027，564 及 125 bp。

【实验步骤】

（1）反应体系的建立

1）在一无菌的 1.5 mL Eppendorf 管中加入

① ddH$_2$O　　　　　　　7 μL

② 10× 中性盐 buffer　　2 μL

③ λDNA（80 ng/μL）　　10 μL

④ Hind Ⅲ（5 U/μL）　　1 μL

总体积 20 μL，操作在冰上进行。

2）用微量加样器或混匀器混匀（加入保存在 50% 甘油中的限制性内切酶后，因其密度和黏度大，会沉在管子底部，不易自然扩散）盖紧上盖。以 1200 r/min 转速离心 5 s。

（2）置 37℃水浴 1 h。

（3）将 Eppendorf 管置 65℃水浴中 10～15 min，立即冰浴。

（4）稍加离心（以 1200 r/min 转速离心 5 s），将管盖及管壁上的水离下。

（5）取 5 μL 消化液，加入 1 μL 6× 上样缓冲液，混匀后点入琼脂糖凝胶样品孔内，电泳检测消化效果。

（6）紫外灯下观察消化效果。

（7）余下 15 μL 保存于 −20℃冰箱中，以备下一步实验。

【注意事项】

（1）分子生物学实验大多为微量操作，DNA样品与限制性内切酶的用量都极少，必须严格注意吸样量的准确性。吸样时，tip头尖刚刚接触到液面，轻轻吸取，若tip尖全部插入溶液，使壁上沾有很多的样品，导致吸样不准。目前有细长tip销售，专门用于吸取微量样品。

（2）每次吸取酶时要用新的无菌tip。

（3）注意加样次序，各项试剂加好后，最后加酶。

（4）操作在冰上进行。

（5）操作要尽可能快，限制性内切酶拿出冰箱的时间要尽可能短。

（6）开启Eppendorf管时，手不要接触到管盖内面，以防杂酶污染，操作中最好戴手套。

（7）无实验必要应尽量避免长时间酶消化样品，因长时间消化，限制酶溶液中可能存在的杂酶会影响试验结果。

（8）混匀，对于酶切反应的成败是重要的因素之一，可用移液器反复吹打几次，但要避免气泡产生或用手指轻弹管壁，使酶切体系成分混匀。基因组DNA应避免强烈旋转性振荡，否则将导致DNA大分子断裂。

【影响因素】

1. 样品DNA

（1）浓度：DNA浓度过高，则黏度大，影响酶的切割反应，一般要求浓度为0.2～1 μg/15～20 μL。

（2）纯度：DNA不纯，会降低消化效率，甚至不能被限制性内切酶消化，此时，须将DNA用苯酚、氯仿抽提，乙醇二次沉淀去除DNA样品中的抑制物，如SDS、酚、EDTA等杂质。

2. 限制酶

（1）注意酶的使用和保存，$-20℃$保存1～2年，切记不要存放于$-70℃$冰箱中，那样将造成甘油冻结。

（2）控制酶用量，过高将产生星号活力。

酶活性的量通常不是采用经典的酶动力来确定，而是根据实验室实际来确定。一个酶活性单位是指：在37℃下，1 h，能将1 μg DNA样品的所有特异位点切下所需的酶量。酶切1 μL不同的DNA需要的酶量不同，一般地说，酶切1 μL线性DNA常加入2～10单位的酶，而酶切超环质粒DNA则需加倍。值得提醒的是，加入内切酶的容积不能超过反应总容积的10%，否则使甘油终浓度达到5%，会抑制酶在体系中的活性。另外，市售有些限制酶不是绝对纯的，若加入太多，其中的杂酶会影响消化效果，甚至使DNA降解。

3. 缓冲液

每一种限制酶都有最佳反应条件。目前，许多生产内切酶的厂商在出售内切酶的同时配有10倍酶解缓冲液（10×Buffer），缓冲液的成分主要是Tris-HCl、NaCl和Mg^{2+}，所有的内切酶均需要Mg^{2+}为辅助因子，大多数活性pH范围在7.2～7.6之间，对离子强度的要求可分为3个级别：低盐（10 mmol/L NaCl）、中盐（50 mmol/L NaCl）和高盐（100 mmol/L NaCl）。另外，有的体系中需要K^+而非Na^+；还有的不需Na^+，称为无盐。在缓冲液中添加2-巯基乙醇，目的是防止酶的氧化，保持其活性。牛血清清蛋白（BSA）对于某些内切酶是必需的，终浓度为100 μg/mL。

反应体积的容积要依据DNA的用量及酶量来确定，通常酶切0.2～1 μg的DNA时，反应体系是15～20 μL。

4. 温度与时间

绝大多数限制酶的反应温度为37℃，但从Thermophilic菌中提取的限制酶其反应温度需要在 50~65℃之间。例如，Bc II 需要在 50℃下进行反应，37℃时只有其最高活性的 50%；Tap 酶需 65℃，在 37℃上能达到其最高活性的 10%。

酶解时间可通过加大酶量而缩短，反之，酶量较少可通过延长酶解时间以达到完全酶解 DNA 的目的。但是，酶量的加大和减少必须满足标准反应体系。不同的 DNA 底物在一定酶量和一定时间内，其酶解效率不一，根据 DNA 底物上酶切位点的多少与 λDNA 存在位点的数目进行比较后，决定酶量和酶解时间。

5. 终止反应

方法大致有 3 种：

（1）若 DNA 酶切后不需进行进一步的酶反应时，可加入 EDTA 至终浓度 10 mmol/L，通过 EDTA 螯合内切酶的辅助因子 Mg^{2+} 终止反应，或加入 0.1% SDS（W/V），使内切酶变性以终止反应。

（2）若 DNA 酶切后仍需进行下一步反应（如连接等），可将酶切后的 DNA 溶液置 65℃保温 20 min，通过加热失活内切酶，这个方法对于大多数最适温度为 37℃的限制酶是有效的，但对有些酶并不能完全失活，如 Acc I、BamH I、Hae II、Hinf I、Hpa I、Kpn I、Pst I、Pvu I、Sca I 等。

（3）用酚/氯仿抽提，然后用乙醇沉淀，此法最为有效且有利于下一步 DNA 的酶学操作。

6. 酶切结果鉴定

对环状质粒，电泳后 EB 染色，一般在紫外灯下见到 2~3 个条带，超螺旋形、线性质粒、有缺口的环状质粒，三者的迁移速率依次递减（EB 浓度≤0.5 μg/mL），环状质粒上单酶切位点完全消化后变成单一的均匀条带，此时相对分子质量可与 λDNA/Hind III 等相对分子质量标准进行比较。

7. 星号活力

限制性内切酶在非标准反应条件下，能够切割一些与特异识别顺序类似的序列，这种现象称星号活力。

每一种内切酶在特别条件下，均会产生这种活力，如 EcoR I 在高 pH 或低离子强度情况下，其识别顺序由 G↓AATTC 变为 N↓AATTN，另有一种情况是对 AATT 中的 AT 分辨不严格。

诱发星号活力出现的常见原因有以下几种情况。

（1）高甘油含量（>5% V/V）。

（2）内切酶用量过大，一般大于 100 U/μg DNA。

（3）低离子强度，小于 25 mmol/L。

（4）高 pH：pH 8.0。

（5）含有机溶剂：如二甲基亚砜（DMSO）、乙醇、乙烯二乙醇、二甲基乙酰胺等。

（6）Mn^{2+}、Cu^{2+}、Co^{2+}、Zn^{2+} 等非 Mg^{2+} 二价阳离子存在。

每一种酶对以上条件诱发产生星号活力的敏感性不同，如 EcoR I 对甘油敏感，Pst I 对 pH 敏感。

内切酶之间出现星号活力的阈值也不一样，常见出现星号活力的酶有 EcoR I、Hind III、Kpn I、Pst I、Sca I、Sal I、Taq I、EcoR V 等。

【试剂与器材】

1. 试剂

①λDNA；②Hind III；③1% 琼脂糖凝胶；④6× 载样缓冲液；⑤0.5×TBE 电泳缓冲液；⑥10 mg/mL 溴化乙锭（EB）。

2. 器材

①5 mL Eppendorf 管；②试管架；③泡沫板；④吸头；⑤可调式微量加样器；⑥恒温水浴箱；⑦电泳仪；⑧电泳槽；⑨紫外检测灯；⑩离心机。

实验 6 DNA 重组、转化与鉴定

【实验目的】

1. 掌握 DNA 的连接方法。
2. 掌握转化的概念，感受态细胞的制备及 DNA 的转化过程。
3. 了解重组了鉴定的方法。

【实验原理】

外源 DNA 与载体分子的连接是 DNA 重组，重新组合的 DNA 叫做重组体或重组子。重组的 DNA 分子是在 DNA 连接酶的作用下，有 Mg^{2+}、ATP 存在的连接缓冲系统中，将分别经酶切的载体分子与外源 DNA 分子进行连接。DNA 连接酶有两种：T4 噬菌体 DNA 连接酶和大肠杆菌 DNA 连接酶。两种 DNA 连接酶都有将两个带有相同黏性末端的 DNA 分子连在一起的功能，T4 噬菌体 DNA 连接酶有大肠杆菌连接酶没有的特性，即能使两个平末端的双链 DNA 分子连接起来。但这种连接的效率比黏性末端的连接效率低，一般可通过提高 T4 噬菌体 DNA 连接酶浓度或增加 DNA 浓度来提高平末端的连接效率。

T4 噬菌体 DNA 连接酶催化 DNA 连接反应分为 3 步：首先，T4 DNA 连接酶与辅助因子 ATP 形成酶 -AMP 复合物；然后再结合到具有 5′ 磷酸基和 3′ 羟基切口的 DNA 上，使 DNA 腺苷化；产生磷酸二酯键，把切口封起来。

DNA 重组的方法主要有黏端连接法和平端连接法，为了防止载体自连，可以通过（牛小肠碱性磷酸酶）CIP 处理克服。

连接反应的温度在 37℃时有利于连接酶的活性，但是在这个温度下，黏性末端的氢键结合是不稳定的。因此人们找到了一个折中温度，即 12～16℃，连接 12～16 h（过夜），既可最大限度地发挥连接酶的活性，又兼顾到短暂配对结构的稳定。

重组质粒转化宿主细胞后，需对转化菌落进行筛选鉴定。利用 α 互补现象进行筛选是最常用的一种鉴定方法。使用的载体具有大肠杆菌 β- 半乳糖苷酶的启动子及其编码 α 肽链的 DNA 序列，称为 lacZ′ 基因。lacZ′ 基因编码的 α 肽链是产半乳糖苷酶的氨基端的短片段（146 个氨基酸）。宿主菌带有 β- 半乳糖苷酶 C 端部分序列的编码信息，各自独立的情况下，宿主和质粒编码的片段都不具有酶活性，但可以通过片段互补的机制形成具有功能活性的 β- 半乳糖苷酶分子。lacZ′ 基因编码的 α 肽链与失去了正常氨基端的 β- 半乳糖苷酶突变体互补，这种现象称为 α 互补。由 α 互补形成的有功能活性的 β- 半乳糖苷酶，可以用 X-gal（5- 溴 -4- 氯 -3- 吲哚 -β-D- 半乳糖苷）显色测定出来。它能将无色的化合物 X-gal 切割成半乳糖和深蓝色的底物 5- 溴 -4- 靛蓝。因此，任何携带着 lacZ 基因的质粒载体转化了染色体基因组存在着 β- 半乳糖苷酶突变的大肠杆菌细胞后，产生有功能活性的 β- 半乳糖苷酶，在 IPTG（异丙基硫代 β-D- 半乳糖苷）诱导后，在含有 X-gal 的培养基平板上形成蓝色菌落。而当有外源 DNA 片段插入到位于 lacZ′ 中的多克隆位点后，会破坏 α 肽链的阅读框，从而不能合成与受体菌内突变的 β- 半乳糖苷酶相互补的活性 α 肽，而导致不能形成有功能活性的 β- 半乳糖苷酶，因此含有重组质粒载体的克隆往往是白色菌落。

【实验步骤】

1. 基因组 DNA 的制备

按第 3 部分实验 1 的方法提取基因组 DNA。

2. 质粒 DNA 的制备

按第 3 部分实验 2 的方法提取质粒。

3. 制备重组 DNA

（1）在灭菌的 Eppendorf 管中，加入 pUC19 质粒 1 μL（2 μg/μL），2 μL 2× 酶切缓冲液，1 μL（2 U）*Eco*R I 酶，无菌双蒸水 16 μL，至反应混合物总体积为 20 μL，离心混匀。37℃反应 3 h（酶及缓冲液应放在冰上）。

（2）在另一无菌 Eppendorf 管中，加入 DNA 1.5 μg，加入 1 μL 2× 酶切反应液，两种核酸内切酶各 1 μL（根据目的基因片段末端酶切位点选择相应的内切酶）。无菌双蒸水补到 10 μL，在 37℃下反应 3 h。

（3）将酶切产物凝胶回收。

（4）将凝胶回收的 2 个 DNA 片段按一定比例（载体：目的基因＝1：7）混合于一管中，加 1×T4 DNA 连接酶缓冲液 1 μL，T4DNA 连接酶 1 μL，总体积 10 μL。4℃过夜。

4. 制备涂菌的琼脂板

LB 培养基含 100 μg/mL 氨苄青霉素，琼脂 15 g/L，倒入培养皿，凝固后在 4℃下保存（见附录2）。

5. 制备感受态细胞

（1）将大肠杆菌在 LB 琼脂培养基上划线，在 37℃下培养 12～16 h。

（2）次日从琼脂平板上取一单个菌落接种于 2 mL LB 培养基中，在 37℃下以 225 r/min 的速度振荡培养 12～16 h。

（3）取 0.5 mL 上述培养物接种于 50 mL LB 培养基中。在 37℃下以 225 r/min 的速度振荡培养直至 OD 值为 0.5 左右（大约 3 h）。

（4）将菌液冰浴 10 min，然后在 4℃下以 16 000 r/min 转速离心 20 min 收集菌体。

（5）弃去上清液，倒置离心管 1 min，除净剩余液体，然后加入 10 mL 冰冷的 50 mmoL/L $CaCl_2$ 致敏液悬浮细胞，冰浴 10 min。

（6）以 16 000 r/min 转速在 4℃下离心 10 min 回收细胞，弃去上清液，每 50 mL 原培养物再加入 2 mL 冰冷 100 mmoL/L $CaCl_2$ 溶液，悬浮细胞。

（7）按每份 200 μL 分装，在 4℃下可保存 1～2 周。若需长期保存，可加甘油至终浓度为 15%，置−70℃备用。

6. 转化反应及鉴定

（1）在 200 μL 新制备的感受态细胞中，加入 5 μL 连接产物，混匀，冰上放置 30 min。同时做两个对照管。受体菌对照：200 μL 感受细胞＋2 μL 无菌双蒸水。质粒对照：200 μL 0.1 mol/L $CaCl_2$ 溶液＋2 μL pUC19 质粒 DNA 溶液。

（2）将管放到 42℃水浴，90 s。

（3）冰上放置 2 min。

（4）每管加入 800 μL 液体培养基（轻轻混匀），在 37℃下温育 45 min，慢摇。

（5）在预制的 LB 琼脂平板上，加 40 μL 20 mg/mL X-gal 和 4 μL 200 mg/mL IPTG 溶液，并用灭菌玻璃推子（在酒精灯上烧后冷却），均匀涂布于琼脂凝胶表面。

（6）将适当体积（100 μL）已转化的感受态细胞均匀涂在上面的培养皿上。将平皿放置 37℃温箱 30 min，至液体被吸收。

（7）倒置平皿在 37℃下培养 12～16 h，出现菌落。其中，白色菌落为重组 DNA 质粒。

【试验结果】

试验结果见图 16 和图 17。

经 12～16 h 培养后，培养皿上生长着很多白色菌落和蓝色菌落，白色菌落为 DNA 重组子。

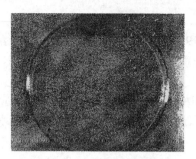
图 16　结果照片图

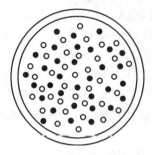
图 17　结果示意图

【试剂与器材】

1. 试剂

（1）3 mol/L KAc（pH 5.2）。

（2）X-gal：将 X-gal 溶于二甲基甲酰胺，配成 20 mmol/mL，不需过滤灭菌，分装小包装，避光储存于−20℃。

（3）IPTG：取 2 g IPTG 溶于 8 mL 双蒸水中，再用双蒸水补至 10 mL，用 0.22 μm 滤膜过滤除菌，每份 1 mL，储存于−20℃。

（4）TE 缓冲液：10 mmol/L Tris-HCl（pH 8.0）、1 mmol/L EDTA（pH 8.0）。

（5）氯化钙（$CaCl_2$）。

（6）二甲基甲酰胺。

（7）T4 DNA 连接酶

（8）pUC19 质粒。

（9）氨苄青霉素。

2. 器材

①恒温摇床；②恒温水浴器；③恒温培养箱；④台式离心机；⑤低温离心机；⑥胰蛋白胨；⑦酵母提取物；⑧培养皿；⑨接种针；⑩玻璃涂棒；⑪试管；⑫酒精灯；⑬镊子、牙签等。

实验 7　Southern 印迹转移

【实验目的】

掌握印迹的原理及方法。

【实验原理】

Southern 印迹转移是 1975 年由 E. M. Southern 发明的一种 DNA 转移技术，是借助吸水纸产生的毛细管作用，转移缓冲液通过凝胶而向上流动，经变性、中和的 DNA 片段在液流的带动下从凝胶中垂直转移并结合到硝酸纤维素膜（NC 膜）或尼龙膜上，也称毛细管转移。转移 DNA 的滤膜经固定后，可用于探针杂交。

【实验步骤】

（1）DNA 样品经琼脂糖凝胶电泳分离后，用溴化乙锭（0.5 μg/mL）染色，在紫外透射仪上用一米尺量出凝胶上每一片段与点样孔前缘的距离或直接照相。

（2）用刀片（或废 X 线片）修剪胶块至所需大小，并切去一角以作标记。将凝胶放入塑料盆或大平皿中，依次用下述溶液浸泡并不时加以摇动。

1）在 0.25 mol/L HCl 中浸泡 10 min（或凝胶中溴酚蓝变黄后再加 5 min）；

2）水洗 2 次；

3）变性液浸泡 1 h；

4）水洗 2 次；

5）中和液浸泡 45 min 后更换中和液继续浸泡 45 min。

（3）由剪刀或裁纸刀将硝酸纤维素膜裁成四周比凝胶小 1 mm 大小，双蒸水浸泡 15 min 以使其全部湿透，再由 20×SSC 溶液浸泡 15 min，备用。

（4）取 2 张适当大小的 3 mm 滤纸覆盖于以小平皿及玻璃板做的支持物上，在有适量 20×SSC 的搪瓷盆中建立平台，并用玻璃棒将滤纸间的气泡赶走。

（5）从中和液中取出凝胶，将凝胶翻转以使其底面朝上放于平台上，并去除凝胶与滤纸间的气泡。

（6）用保鲜膜将凝胶周边覆盖（但不能盖住凝胶中样品），以防止液体不经凝胶而直接流至吸水纸。

（7）小心将处理过的硝酸纤维素膜光滑面置于凝胶表面，膜与凝胶之间不应留有气泡。

（8）将两张与凝胶同样大小的 3 mm 滤纸置于硝酸纤维素膜上，然后加一叠（5～8 cm 高）稍小于滤纸的吸水纸。

（9）在吸水纸上放一玻璃板，并加一 500 g 左右重物，见图 18。

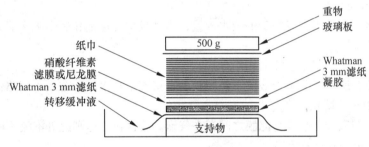

图 18　Southern 印迹转移装置图

（10）转移 8～24 h 后，揭去凝胶上方的吸水纸和滤纸，用镊子夹住硝酸纤维素膜和凝胶，翻转后置于干滤纸上，用铅笔在滤膜上标记加样孔的位置及组号。

（11）将滤膜置于 6×SSC 溶液中，室温漂洗 5 min 以除去滤膜上的琼脂糖凝胶碎片。

（12）取出滤膜，将其放于干滤纸上晾干，然后夹于二张滤纸之间，在真空干燥箱 80℃烘烤 2 h 备用。若不立即使用时，可将其密封于塑料袋中，在 4℃冰箱保存。

【注意事项】

（1）琼脂糖凝胶较脆且滑，操作时，一定要小心，以免弄破凝胶。

（2）一定要在凝胶和硝酸纤维素膜上作好方向标记。

（3）裁剪硝酸纤维素膜时，要戴手套，因为用有油脂的手接触过的硝酸纤维素膜不易被浸湿。

（4）在转移时，玻璃板与滤纸、凝胶与滤膜之间不要有气泡存在。前者可用玻璃棒赶走气泡；后者可在放滤膜时，从其一端开始，逐渐将滤膜放下。

（5）为避免发生转移液虹吸短路，凝胶下面四周用保鲜膜隔离，且硝酸纤维素膜及上面的滤纸与吸水纸不要大于凝胶块。

（6）托盘内转移液不要没过玻璃板，但要足够过夜转移用，吸水纸湿透后应更换。

【讨论】

1. 影响转移效率的因素

（1）待转移的 DNA 分子大小

一般来说，小于 1 kb 的 DNA 片段在 1 h 内就能够从 0.7% 琼脂糖凝胶中几乎完全转移，而较大的 DNA 片段则转移较慢且效率较低，大于 15 kb 的 DNA 片段用此方法转移至少需 8 h，而且转移并不完全。这时可用盐酸对凝胶中的 DNA 进行处理，以使大 DNA 片段水解成较小的 DNA 片段，从而提高转移速率，但酸处理不能过头，因过小的 DNA 片段，不能与 NC 膜结合。另外，对相对分子质量大的 DNA，还可采用电转移等方法。

（2）凝胶浓度

凝胶浓度高低也影响转移速率。凝胶浓度太高，网孔太小，DNA 运动受阻，故不易转移至膜上；浓度过低，则凝胶太嫩，易破裂，难以操作。琼脂糖凝胶浓度一般在 0.8% 左右，由于吸水纸既能吸收转移缓冲液，又能吸收凝胶中的水分。故凝胶浓度在转移过程中也会发生变化，即越接近转移完成，胶浓度越高。通过凝胶翻转，使其底面朝上，可提高转移效率。

（3）通过凝胶的液流速度

液流速度大，则 DNA 从凝胶转移的速度就快，反之则慢。影响液流速度的因素有：

1）盐桥的吸水量：通常作盐桥的滤纸只有两边与转移缓冲液接触，若将其四周均与转移缓冲液接触，则液流加快。

2）勤换吸水纸：吸水纸有一定的吸水容量，当其吸水容量饱和后则吸水能力减弱，故勤换吸水纸可解决此问题。

3）加以适当重物，维持毛细管作用。

4）避免短路：所谓短路是指液流不经凝胶而直接流至吸水纸。若发生短路，则通过凝胶的液流量小，故转移效率降低。

5）避免平台与凝胶、凝胶与滤膜之间存在气泡。若存在气泡则此处液流不能通过，而导致这一区域 DNA 不能得到有效转移。

2. 滤膜的种类和特性

（1）硝酸纤维素滤膜（nitrcellulose filter membrane，NC 膜）

具有较强的吸附单链 DNA 和 RNA 的能力，特别是在高盐浓度下（$20 \times SSC$），其结合能力可达 $80 \sim 100 \ \mu g/cm^2$。NC 膜还具有杂交信号本底较低的优点。因此被广泛用于 Southern 印迹、Northern 印迹和斑点印迹中。NC 膜非特异性地吸附蛋白质的作用较弱，因此特别适合于涉及蛋白质作用（如抗体和酶等）的非放射性标记探针的杂交体系。

NC 膜与 DNA 的结合是非共价的，是靠疏水键的相互作用。这种结合并不十分牢固，随着杂交及洗膜的过程，DNA 会慢慢脱离 NC 膜，因此不太适宜于重复杂交。另外，NC 膜质地较脆，操作需小心。在低盐浓度时 NC 膜与 DNA 的结合效果不佳，所以 NC 膜也不适宜于电转移印迹法。此外，NC 膜对相对分子质量小的 DNA 片段（<200 bp）结合能力不强。国产 NC 膜价格便宜，目前被广泛使用。

（2）尼龙膜（nylon membrane）

结合单链及双链 DNA 和 RNA 能力较 NC 膜强，可达 $350 \sim 500 \ \mu g/cm^2$，经烘烤或紫外照射后，核酸分子可牢固地结合在尼龙膜上。对酸和碱有一定耐受力，多次杂交对敏感性影响不大，韧性好，不易碎，可以重复杂交使用。另外，尼龙膜对于相对分子质量小的核酸片段有较强的结合能力，甚至短至 10 bp 的核酸片段也能结合。

尼龙膜有多种类型，有的进行了正电荷基团的修饰，这种修饰的尼龙膜结合核酸的能力更强。

使用尼龙膜的缺点是，杂交信号本底较高。

（3）化学活化膜（chemical activated paper）

将滤纸用一定的化学物质处理后即形成化学活化膜（如 ABM 和 APT 纤维膜）。其优点是：① DNA 与膜共价结合，因此反复多次使用不会有太多的损耗；②对不同大小的核酸片段都具有同等的结合能力，这是 NC 膜及尼龙膜都不具备的。但其结合能力比 NC 膜低，活化过程复杂，因此较少使用，多用于 Northern 印迹法。

3. 印迹方法

方法有多种，主要有：

（1）可直接将核酸样品点样于固相支持物上，如斑点或狭缝印迹法；

（2）利用毛细管虹吸作用由转移缓冲液带动核酸分子转移到固相支持物上；

（3）利用电场作用的电转移；

（4）利用真空抽滤作用的真空转移法。

4. Northern 转移印迹

随着分子生物学技术的发展，人们不仅仅满足于对蛋白质血清学水平上的认识，开始分析研究表达某种蛋白质的特定的 mRNA。Northern Blot 就是 RNA 分析中的一种。所谓 Northern blot 就是指将电泳分离的 RNA 片段转移到一定的固相支持物上的印迹过程，从而用于杂交反应以鉴定其中特定的 mRNA 相对分子质量的大小。

由于 RNA 二级结构的影响，RNA 并不严格按照其相对分子质量大小分级。当 RNA 用变性剂处理后，二级结构解体、泳动时，便能严格按照相对分子质量大小分级。常见的 RNA 变性电泳有聚乙二醛和二甲基亚砜变性电泳、甲醛变性电泳、甲基氢氧化汞电泳等。甲醛变性电泳为最常用。

在这里值得一提的是：RNA 电泳所用的电泳槽及梳板必须用去污剂洗净，蒸馏水冲洗，3% 过氧化氢浸泡 1 h，最后用 DEPC 处理过的水彻底冲洗。所有试剂均需用 0.1%DEPC 处理过的水配制。

Northern 印迹转移前含甲醛的凝胶须用水将甲醛冲洗掉，其余与 Sourthen 印迹转移方法基本相同。

【试剂与器材】

1. 试剂

（1）0.2 mol/L HCl。

（2）变性液：0.5 mol/L NaOH，1.5 mol/L NaCl。

（3）中和液：1 mol/L Tris-HCl pH 8.0，1.5 mol/L NaCl。

（4）20×SSC：3 mol/L NaCl，0.3 mol/L 柠檬酸钠 pH 7.0。

2. 器材

①真空干燥箱；②脱色摇床；③紫外透射仪；④搪瓷盆；⑤大小平皿；⑥镊子；⑦乳胶手套；⑧手术刀（或废 X 线片）；⑨3 mm 滤纸；⑩吸水纸；⑪玻璃板；⑫硝酸纤维素膜；⑬保鲜膜；⑭500 g 左右重物；⑮塑料盆等。

实验 8　Western Blot 检测蛋白质

【实验目的】

掌握将蛋白成分经 SDS-PAGE 电泳分离并转移到硝酸纤维素薄膜上的技术。

【实验原理】

Western Blot 又称为免疫印迹或蛋白质印迹，是分子生物学、生物化学和免疫遗传学中常用的一种实验方法。通过对目标组分进行聚丙烯酰胺凝胶电泳分离后，转移至固相支持物（如硝酸纤维素膜）上，利用特异性抗体作为探针，同固相支持物上的蛋白发生免疫反应，再与酶或同位素标记的第二抗体反应，经过底物显色或放射自显影，对靶蛋白进行检测。

蛋白质的 Western Blot 结合了凝胶电泳的高分辨率和固相免疫检测的特异敏感等优点，可检测到低至 $1\sim5$ ng 中等大小的靶蛋白。

【实验步骤】

1. 收集蛋白样品（protein sample preparation）

使用适当的裂解液，裂解细胞或组织样品，也可以使用试剂盒进行抽提。

2. 电泳（electrophoresis）

（1）SDS-PAGE 凝胶配制

1）注意一定要将玻璃板洗净，用 ddH_2O 冲洗，与胶接触的一面向下倾斜置于干净的纸巾晾干。

2）分离胶及浓缩胶均可事先配好（除 AP 及 TEMED 外），过滤后作为储存液避光存放于 4℃，可至少存放 1 个月，临用前取出室温平衡。

3）封胶：配制浓度为 12% 十二烷基硫酸钠-聚丙烯酰胺凝胶（SDS-PAGE）分离胶（30% Acrylamide，1.5 mol/L Tris-HCl（pH 8.8），10%SDS，10% 过硫酸铵，TEMED），将分离胶迅速注入两玻璃板间隙中，留出浓缩胶所需空间，加入 1 mL 去离子水覆盖；分离胶聚合完成后，倾出覆盖层水，用去离子水冲洗胶的顶部数次以除去未聚合的丙烯酰胺，用滤纸吸去胶顶部残存液体。

4）再加入浓度为 5%SDS-PAGE 浓缩胶（30%Acrylamide1.0 MTris-HCl（pH 6.8），10%SDS，10% 过硫酸铵，TEMED）溶液充满空隙，待浓缩胶聚合完全后，加入电泳缓冲液，小心移出梳子。注意在拔除梳子时宜边加水边拔，以免有气泡进入梳孔使梳孔变形。

（2）样品处理

1）培养的细胞（定性）：去培养液后用温的 PBS 冲洗 $2\sim3$ 遍，用细胞刮刮下细胞后在 EP 管中煮沸 10 min，待样品恢复到室温后上样。

2）培养的细胞（定量）：去培养液后用温的 PBS 冲洗 $2\sim3$ 遍。用细胞刮刮下细胞，收集在 EP 管后 2000 g 离心，4℃下 2 min。加入适量的冰预冷的裂解液后置于冰上 $10\sim20$ min。以 12 000g 转速离心，4℃下 10 min。取上清液，即细胞总蛋白。以 BCA Kit 检测蛋白含量。-70℃保存备用。

3）组织：匀浆对于心、肝、脾、肾等组织可每 $50\sim100$ mg 加 1 mL 裂解液，肺 $100\sim200$ mg 加 1 mL 裂解液。可手动或电动匀浆。注意尽量保持低温，快速匀浆。以 12 000 g 离心，4℃下 2 min。取上清液，即细胞总蛋白。以 BCA Kit 检测蛋白含量。-70℃保存备用。

4）上样与电泳：上样前将胶板下的气泡赶走。所有蛋白样品调至等浓度后充分混合沉淀，加上加样缓冲液后，在 95℃条件下静置 5 min，上样。样品两侧的泳道用等体积的 1 倍加样缓冲液上样，标记也用 1 倍加样缓冲液调整至与样品等体积。溴酚蓝在浓缩胶中电压为 8 V/cm，电压 80 V，电泳约 15 min，当溴酚蓝进入分离胶后电压增至 15 V/cm，180 V，继续电泳约 40 min，直到溴酚蓝到达分离胶底部，关闭电源。在目的蛋白泳动至距胶下缘 1 cm 结束。

3. 转膜（transfer）

（1）取胶：电泳结束后，取出凝胶，标记，在转膜缓冲液中浸泡数分钟。NC 膜用甲醇浸泡 15 s，转移至转膜缓冲液中。滤纸及海绵预先浸泡在转膜缓冲液中 10 min。剪与被转移凝胶大小一致的 6 张滤纸和一张硝酸纤维膜，将滤纸与硝酸纤维素膜放至蛋白转移缓冲液中浸泡 15 min。

（2）转膜：按顺序安装电转移装置，从阴极至阳极依次放置海绵、3 张滤纸、凝胶、硝酸纤维膜、3 张滤纸、海绵，合上垫片板。各层之间尽量避免出现任何气泡。滤纸顶部压上阳极板，插入转膜仪插槽中，放入冰盒，倒入适量转膜缓冲液，连接电极。电转移条件：恒流 200 mA，电转移 1 h。电转移结束后，取下硝酸纤维膜，作丽春红染色，以确定蛋白条带已从凝胶转移至膜上。

4. 封闭（blocking）

转膜过程结束后，NC 膜用 PBST 缓冲液洗 10 min，然后置于封闭缓冲液（5% 脱脂奶粉 /PBST 缓冲液）中，室温封闭 2 h。封闭结束后，从缓冲液中取出 NC 膜，PBST 洗 3 次，每次 10 min。

5. 一抗孵育（primary antibody incubation）

（1）将 NC 膜放入小袋中，加入一抗（1∶200 稀释），4℃，孵育过夜。

（2）洗涤：用 PBST 洗 3 次，每次 10 min。

6. 二抗孵育（secondary antibody incubation）

根据一抗来源选择合适的二抗，根据鉴定方法选择 HRP 或 AP 标记的抗体，按相应比例稀释（1∶1000～1∶10 000），室温轻摇 1 h。二抗孵育结束后，用 PBST 或 TTBS 漂洗膜后再浸洗 3 次，每次 10 min。

7. 蛋白检测（detection of proteins）

使用 DAB 显色来检测蛋白。加入新配制的 DAB 显色液 10 μL 显色，待出现明显的显色带后，加入蒸馏水终止显色，置于成像系统拍照。

【试剂与器材】

1. 试剂

（1）丙烯酰胺和 N，N'- 亚甲双丙烯酰胺，应以温热（以利于溶解双丙烯酰胺）的去离子水配制含有 29%（W/V）丙烯酰胺和 1%（W/V）N，N'- 亚甲双丙烯酰胺储存液丙烯酰胺 29 g，N，N'- 亚甲叉双丙烯酰胺 1 g，加 H_2O 至 100 mL。储于棕色瓶，4℃避光保存。严格核实 pH 不得超过 7.0。

（2）SDS 溶液：10%（W/V）0.1 gSDS，1 mL H_2O 去离子水配制，室温保存。

（3）分离胶缓冲液：1.5 mmol/L Tris-HCl（pH 8.8）：18.15 g Tris 和 48 mL 1 mol/LHCL 混合，加水稀释到 100 mL 终体积。过滤后 4° C 保存。

（4）浓缩胶缓冲液：0.5 mmol/L Tris-HCl（pH 6.8），6.05 g Tris 溶于 40 mL H_2O 中，用约 48 mL 1 mol/L HCl 调至 pH 6.8，加水稀释到 100 mL 终体积，过滤后 4° C 保存。

（5）TEMED、AP：用去离子水配制数毫升，临用前配制。

（6）10% 过硫酸铵溶液：1 g 过硫酸铵，加超纯水溶解并定容至 10 mL，分装到 1.5 mL 微量离心管中，冻存。

（7）SDS-PAGE 加样缓冲液：在沸水中煮 3 min 混匀后上样，一般为 20～25 μL，总蛋白量 100 μg。

（8）Tris- 甘氨酸电泳缓冲液：30.3 g Tris，188 g 甘氨酸，10 g SDS，用蒸馏水溶解至 1000 mL，临用前稀释 10 倍（pH 8.3）。

（9）转移缓冲液：2.9 g 甘氨酸、5.8 g Tris 碱、0.37 g SDS（可不加）、200 mL 甲醇（临用前加），加水至总量 1 L。

（10）丽春红染液储存液：丽春红 S 2 g、三氯乙酸 30 g、磺基水杨酸 30 g，加水至 100 mL，用时上述储存液稀释 10 倍即成丽春红 S 使用液。使用后应予以废弃。

（11）脱脂奶粉 5%（W/V）。

（12）DAB 溶液 50（mmol/L）：Tris-HCl 溶液（pH 7.6）5 mL，DAB 2.5 mg，30% H_2O_2 溶液 2.5 μL。

2. 器材

①SDS-PAGE 电泳系统；②转移电泳槽；③凝胶成像仪；④硝酸纤维素薄膜（NC 膜）。

实验 9 RT-PCR

【实验目的】 学习和掌握 RT-PCR 的原理和基本操作方法，了解 RT-PCR 技术的应用。

【实验原理】

RT-PCR（reverse transcription-polymerase chain reaction，RT-PCR）即逆转录 - 聚合酶链式扩增反应，是将 RNA 的逆转录（RT）和以 RNA 为模板的 cDNA 合成的聚合酶链式扩增反应（PCR）相结合的技术。

RT-PCR 利用从特定组织或细胞中提取的完整的总 RNA，以总 RNA、mRNA 或体外转录的 RNA 产物为模板，采用 Oligo（dT）、随机引物或基因特异性引物利用逆转录酶反转录成 cDNA，再以 cDNA 为模板进行 PCR 扩增，合成目的基因。RT-PCR 技术灵敏而且用途广泛，可用于检测细胞 / 组织中基因表达差异水平、RNA 病毒含量、直接克隆特定基因的 cDNA 序列、合成 cDNA 探针和构建 RNA 高效转录系统等用途。RNA 检测的灵敏性高且易于操作。

RT-PCR 有一步法和两步法。一步法 RT-PCR 中，逆转录和 PCR 在同一缓冲体系中，优化的条件下进行。两步法 RT-PCR 中，每步都在最佳条件下进行。首先在逆转录缓冲液中合成 cDNA，然后取出部分反应产物在另一缓冲体系中进行 PCR。实验过程中要保证 RNA 中无 RNA 酶和基因组 DNA 的污染。

PCR 即聚合酶链式反应（polymerase chain reaction，PCR），是体外酶促合成特异 DNA 片段的一种技术。由于这种方法操作简单、实用性强、灵敏度高并可自动化，因而在分子生物学、基因工程研究以及对遗传病、传染病和恶性肿瘤等基因诊断和研究中得到广泛应用。进行 PCR 的基本条件是：①以 DNA 为模板；②寡核苷酸为引物；③4 种 dNTP 为底物；④ TaqDNA 聚合酶。

PCR 每一个循环由三个步骤完成：

（1）变性：加热模板 DNA，使其变性成单链。

（2）退火：降低温度，使人工合成的寡聚核苷酸引物与模板 DNA 结合。

（3）延伸：在适宜温度下，Taq DNA 聚合酶利用 dNTP 为底物催化 DNA 的合成反应。

每一个循环产物可作为下一个循环的模板，因此通过 25～35 个循环后，目的 DNA 片段可扩展达 2^{25}～2^{35} 倍。最后经琼脂糖凝胶电泳分离后紫外灯下观察结果。

【实验步骤】

1. 细胞总 RNA 的提取

采用 Trizol 试剂从小鼠肝组织中提取总 RNA。

（1）组织研磨：取小鼠肝约 0.2 g，剪碎，放入研钵内，加入少量液氮，迅速研磨，若组织变软时，再添加少量液氮，继续研磨，直至研磨成粉末状。

（2）加入 Trizol 试剂：研磨后置匀浆器中，加入 1 mL Trizol，冰上充分匀浆。将匀浆后样品转入离心管中；在 4℃下静置 5 min，使组织充分裂解；以 12 000 r/min 转速离心 5 min，取上清液至新的离心管中。

（3）每管样品中加入 0.2 mL 氯仿，充分振荡混匀，冰上静置 10 min。

（4）在 4℃下，以 12 000 r/min 转速离心 10 min。

（5）取上清转入新的离心管，置于冰上（不能吸入白色中间层），加 0.5 mL 异丙醇，混匀，冰上放置 10 min。

（6）在 4℃下，以 12 000 r/min 转速离心 10 min。

（7）弃去上清液，加入 1 mL 75% 乙醇（4℃保存）洗涤一次，温和振荡离心管，悬浮沉淀 RNA，4℃下，以 12 000 r/min 转速离心 5 min。

（8）弃去上清液，室温晾干或真空干燥 5～10 min，加入适量 DEPC 或 TE 水溶解沉淀备用。

（9）取 5 μL RNA 用 1% 琼脂糖凝胶进行电泳检测，判断 RNA 的完整性。

2. 逆转录反应（总体积 10 μL）

（1）反应体系：灭菌且无 RNase 的 0.2 mL PCR 管，冰浴上制备以下混合液，轻轻混合。

试　　剂	加样体积（μL）	试　　剂	加样体积（μL）
DEPC 处理的 ddH$_2$O	5.5	10 mmol/L dNTP 混合物	1
RNA（0.5 μg/μL）	1	RNase 抑制剂	0.5
Oligo（dT）引物（0.5 μg/μL）	0.5	AMV	0.5
10×RT 缓冲剂	1	总体积	10

（2）反应条件：加入样品后，轻轻混匀并离心 3～5 s，42℃水浴 1 h，99℃ 5 min，5℃ 5 min，反应物放置冰上备用。

3. PCR 扩增（总体积 20 μL）

（1）PCR 体系组成：PCR 体系按下表制备。

试　　剂	加样体积（μL）	试　　剂	加样体积（μL）
ddH$_2$O	12.5	引物 2（10 pmol/μL）	0.5
10 倍浓度缓冲液	2	DNA 模板（0.1～2 μg）	2
dNTPs（各 200 μmol/L）	2	Taq DNA 聚合酶（5 U/μL）	0.5
引物 1（10 pmol/μL）	0.5	总体积	20

（2）PCR 反应条件：94℃ 2 min，94℃ 40 s，56℃ 40 s，72℃ 1 min，30 个循环，72℃ 10 min，4℃ 5 min，取出后进行电泳。

4. PCR 产物电泳分析

10 μL PCR 产物经 1%（W/V）琼脂糖凝胶电泳，EB 染色，观察结果。

【试剂与器材】

1. 试剂

（1）逆转录酶。

（2）Oligo（dT）$_{18}$。

（3）dNTP 混合物：2.5 mmol/L dATP，2.5 mmol/L dGTP，2.5 mmol/L dCTP，2.5 mmol/L dTTP。

（4）Ex Taq 酶。

（5）10×PCR 缓冲液：500 mmol/L KCl，100 mmol/L Tis-HCl（pH 9.0），15 mmol/L MgCl$_2$，0.1% 明胶，1% Triton X-100。

（6）DNA 相对分子质量标准：DL2000，相对分子质量大小（bp）：2000、1000、750、250、100。

（7）Trizol。

（8）DEPC。

（9）冰乙酸。

（10）特异性引物（10 pmol/μL）。

（11）EB。

（12）相对分子质量标准 DNA。

（13）1%（W/V）琼脂糖溶液：每 100 mL 琼脂糖溶液中加入 10 μL 溴化乙锭溶液（10 mg/mL）。

（14）1倍浓度 TAE 缓冲液：Tris 242 g、Na$_2$EDTA·2H$_2$O 37.2 g，加入约 800 mL 去离子水，充分搅拌均匀；加入 57.1 mL 的冰乙酸，充分溶解；用 NaOH 溶液调 pH 至 8.3，加去离子水定容至 1 L 后，室温保存。使用时稀释 50 倍，即 1×TAE Buffer。

（15）75% 乙醇。

（16）氯仿。

（17）异戊醇。

（18）溴酚蓝指示剂。

（19）RNA 酶抑制剂。

2. 器材

①PCR 仪；②稳流稳压电泳仪；③台式高速冷冻离心机；④制冰机；⑤纯水系统；⑥核酸蛋白分析仪；⑦电子天平；⑧凝胶成像系统；⑨微量加样器（1 mL、200 μL、10 μL）；⑩研磨器。

【注意事项】

（1）RNA 提取和逆转录时所用器具均应在 0.1% DEPC 水中避光浸泡过夜，再高压烘干。

（2）RNA 提取和逆转录时全程佩戴一次性手套和口罩。

（3）逆转录反应过程，需建立无 RNAase 环境，以避免 RNA 的降解。

（4）避免 DEPC 接触皮肤和衣物。

第4部分 附　　录

附录 1　实验室安全及防护知识

在生物化学实验中，经常与毒性强、有腐蚀性、易燃易爆等化学药品相接触，也常常使用易碎的玻璃器皿，并且整个实验过程在水、电等高温电热设备的环境中进行。因此必须重视安全工作。

一、实验室安全知识

（1）在进行实验之前，应了解水、电闸所在处、各仪器的插座、开关位置以及与实验相关的药品、器材等，做到心中有数。

（2）使用电器设备（如烘箱、恒温水浴、离心机、电炉、分光光度计等）时，严防触电。绝不可用湿手或在眼睛旁视时开关电闸和电器开关。检查电器设备是否漏电应用试电笔，凡是漏电的仪器，一律待检修后方可使用。

（3）使用浓酸、浓碱时，必须极为小心操作，防止飞溅。用吸量管量取这些试剂时，必须使用洗耳球，绝对不能用口吸取。

（4）使用可燃物，特别是易燃物（如乙醚、丙酮、乙醇、苯、金属钠等）时，应特别小心。不要大量放在实验台上，更不应放在靠近火源处。只有在远离火源或将火焰熄灭后，才可大量倾倒这类液体。低沸点的有机溶剂不准在火焰上直接加热，只能在水浴上利用回流冷凝管加热或蒸馏。

（5）易燃易爆物质的残渣（如金属钠、白磷、火柴头）不可倒入污物桶或槽中，应收集在指定的容器内。

（6）废液，特别是强酸，强碱，不能直接倒在水槽中，应先稀释再倒入水槽中，用大量自来水冲洗水槽及下水道。

（7）有毒药品使用时，应极为小心，严格操作，用后妥善处理。

（8）严禁在实验室内吸烟、嬉闹、喧哗，实验室内应保持安静。实验操作中应轻拿轻放物品，实验者应衣帽整洁。实验完毕后，要搞好清洁卫生，离开实验室之前要关好水、电、门、窗。

二、实验室灭火法

实验过程中一旦发生了火灾不可惊慌失措，应保持镇静。首先立即切断室内一切火源和电源，然后根据具体情况积极正确地进行抢救和灭火。常用的方法如下：

（1）有可燃液体燃着时，应立刻拿开着火区域内的一切可燃物品，关闭通风器，防止扩大燃烧。若着火面积小，可用防火毯、石棉布、湿布、铁片或沙土覆盖，隔绝空气使之熄灭。但覆盖时要轻，避免碰坏或打翻盛有易燃溶剂的玻璃管皿，导致更多的溶剂流出而再着火。

（2）酒精及其他可溶于水的液体着火时，可用水灭火。

（3）汽油、乙醚、甲苯等有机溶剂着火时，应用石棉布或沙土扑灭。绝对不能用水，否则会扩大燃烧面积。

（4）金属钠着火时，可把沙子倒在上面。

（5）导线着火时不能用水及二氧化碳灭火器，应切断电源或用四氯化碳灭火器。

（6）衣服被烧着时切忌奔走，可用大衣等包裹身体或躺在地上滚动，以灭火。

（7）发生火灾时应注意保护现场，较大的着火事故应立即报警。

三、实验室急救

在实验过程中不慎发生受伤事故，应立即采取适当的急救措施。

（1）玻璃割伤及其他机械损伤：首先必须检查伤口内有无玻璃或金属等物碎片的残留，然后用硼酸水洗净，再涂擦碘酒或红汞水，必要时用纱布包扎。若伤口较大或深而大量出血，应迅速在伤口上部和下部扎紧血管止血，立即到医院诊治。

（2）烫伤：一般用乙醇（70%～75%）消毒后，涂上苦味酸软膏。如果伤处红痛或红肿（一级灼伤），可擦医用橄榄油或用棉花蘸酒精敷盖伤处；若皮肤起泡（二级灼伤），不要弄破水泡，防止感染；若伤处皮肤呈棕色或黑色（三级灼伤），应用干燥而无菌的消毒纱布轻轻包扎好，急送医院治疗。

（3）强碱灼伤：强碱（如氢氧化钠、氢氧化钾）触及皮肤而致灼伤时，要先用大量自来水冲洗，再用 5% 硼酸溶液或 2% 乙酸溶液涂洗。

（4）强酸灼伤：强酸（硫酸、盐酸、硝酸）触及皮肤而致灼伤时，应立即用大量自来水冲洗，再以 5% 碳酸氢钠溶液或 5% 氢氧化铵溶液洗涤。

（5）酚灼伤：如酚触及皮肤引起灼伤时，用酒精洗涤。

（6）触电：触电时可按下述方法之一切断电路。

① 关闭电路；

② 用干木棍使导线与被害者分开；

③ 使被害者和土地分离，急救时急救者必须做好防止触电的安全措施，手或脚必须绝缘。

附录 2　分子生物学实验中的常用试剂及溶液、缓冲液的配制

一、常见市售酸碱的浓度（附表1）

附表1　常见市售酸碱的浓度

溶质	分子式	相对分子质量	浓度（mol/L）	浓度（g/L）	质量分数（%）	密度（g/cm³）	配制 1 mol/L 溶液的加入量（mL/L）
冰乙酸	CH_3COOH	60.05	17.4	1045	99.5	1.05	57.5
乙酸	CH_3COOH	60.05	6.27	376	36	1.045	159.5
甲酸	$HCOOH$	46.02	23.4	1080	90	1.20	42.7
盐酸	HCl	36.5	11.6	424	36	1.18	86.2
			2.9	105	10	1.05	344.8
硝酸	HNO_3	63.02	15.99	1008	71	1.42	62.5
			14.9	938	67	1.40	67.1
			13.3	837	61	1.37	75.2
高氯酸	$HClO_4$	100.5	11.65	1172	70	1.67	85.8
			9.2	923	60	1.54	108.7
磷酸	H_3PO_4	80.0	18.1	1445	85	1.70	55.2
硫酸	H_2SO_4	98.1	18.0	1766	96	1.84	55.6
氢氧化铵	NH_4OH	35.0	14.8	251	28	0.898	67.6
氢氧化钾	KOH	56.1	13.5	757	50	1.52	74.1
			1.94	109	10	1.09	515.5
氢氧化钠	$NaOH$	40.0	19.1	763	50	1.53	52.4
			2.75	111	10	1.11	363.6

二、各种浓度酸碱储存液的近似pH（附表2）

附表2　各种浓度酸碱储存液的近似 pH

溶质	1 N*	0.1 N	0.01 N	0.001 N
乙酸	2.4	2.9	3.4	3.9
盐酸	0.10	1.07	2.02	3.01
硫酸	0.3	1.2	2.1	
柠檬酸		2.1	2.6	
氢氧化铵	11.8	11.3	10.8	10.3
氢氧化钠	14.05	13.07	12.12	11.13
碳酸氢钠		8.4		
碳酸钠		11.5	11.0	

*N 为当量浓度，1 N≈1 mol/L× 离子价数。

三、有机试剂的配制

1. 酚

大多数市售液化酚是清亮、无色的，无须重蒸馏便可用于分子克隆实验。偶尔有些批号的液化酚呈粉红色或黄色，应拒收或退回生产厂家。最好能够避免使用结晶粉，因为必须在 160℃进行重蒸馏以去除诸如醛等氧化产物，这些产物可引起磷酸二酯键的断裂及导致 RNA 和 DNA 的交联（国内出售的酚多为结晶粉）。

（小心：酚腐蚀性很强，并可引起严重灼伤，操作时应戴手套及防护镜，穿防护服。所有操作均应在化学通风橱中进行。与酚接触过的皮肤部位应用大量的水清洗，并用肥皂和水洗涤，忌用乙醇。）

酚的平衡：

因为在酸性 pH 条件下 DNA 分配于有机相，使用前必须对酚进行平衡，使其 pH 在 7.8 以上。

（1）经过液化的酚液应储存于−20℃，用前从冰冻室中取出，使其温度升至室温，然后在 68℃使酚溶解，加入 8- 羟基喹啉至终浓度为 0.1%。该化合物是一种抗氧化剂、RNA 酶的不完全抑制剂及金属离子的弱螯合剂。此外，其黄颜色有助于方便地识别有机相。

（2）为熔化酚，可加入等体积的缓冲液［常于室温加入 0.5 mol/L Tris-HCl（pH 8.0）］，用磁力搅拌器将混合物搅拌 15 min，关上搅拌器待两相分开后，用与带有接液瓶的真空装置相连接的玻璃吸管，尽可能彻底地移出上相（水相）液。

（3）加入等体积的 0.1 mol/L Tris-HCl（pH 8.0）到酚中，搅拌 15 min 后关上磁力搅拌器。按步骤（2）所述移出上层水相。重复抽提过程，直到酚相的 pH＞7.8（用 pH 试纸测量）。

（4）酚达到平衡并移出液相后，加入 0.1 体积含有 0.2%β- 巯基乙醇的 0.1 mol/L Tris-HCl（pH 8.0）。可装在不透光的瓶中并处于 10 mmol/L Tris-HCl（pH 8.0）缓冲液层之下，于 4℃下保存 1 个月。

2. 酚：氯仿：异戊醇（25：24：1）

从核酸样品中去除蛋白质时常常使用等体积混合的平衡酚和氯仿：异戊醇（24：1）。其中的氯仿可使蛋白质变性并有助于液相与有机相的分离，异戊醇有助于消除抽提过程中出现的泡沫。

氯仿和异戊醇在使用前无需处理，放置于棕色瓶中并处于 100 mmol/L Tris-HCl（pH 8.0）缓冲液中的酚：氯仿：异戊醇混合液可在 4℃保存 1 个月。

四、细菌培养基和抗生素

1. 液体培养基

（1）LB 培养基（Luria-Bertani 培养基）：配制每升培养基，应在 950 mL 去离子水中加入细菌培养用胰蛋白胨（bacto-tryptone）10 g、细菌培养用酵母提取物（bacto-yeast extract）5 g、氯化钠 10 g，摇动容器直至溶质完全溶解，用 5 mol/L 氢氧化钠溶液（约 0.2 mL）调节 pH 至 7.0，加入去离子水定容至 1 L，在 1.034×10^5 Pa 高压蒸汽灭菌 20 min。

（2）高浓度肉汤：配制每升高浓度肉汤，在 900 mL 去离子水中加入细菌培养用胰蛋白胨 12 g、细菌培养用酵母提取物 24 g、甘油 4 mL，摇动容器使溶质完全溶解，在 1.034×10^5 Pa 高压下蒸汽灭菌 20 min，然后使该溶液降温至 60℃或 60℃以下，再加入 100 mL 经灭菌的磷酸盐缓冲液（在 90 mL 的去离子水中溶解 12.54 g 磷酸氢二钾，加去离子水至总体积为 100 mL，在 1.034×10^5 Pa 高压下蒸汽灭菌 20 min）。

（3）SOS 培养基：配制每升培养基，在 950 mL 去离子水中加入细菌培养用胰蛋白胨 20 g、细菌培养用酵母提取物 5 g、氯化钠 0.5 g，摇动容器使溶质完全溶解，加入 10 mL 250 mmol/L 氯化钾溶液（在 100 mL 去离子水中溶解 1.86 g 氯化钾），5 mol/L 氢氧化钠溶液（约 0.2 mL）调节溶液的 pH 至 7.0。去离子水定容至总体积为 1 L，在 1.034×10^5 Pa 高压下蒸汽灭菌 20 min。

该溶液在使用前加入 5 mL 经灭菌的 2 mol/L 氯化镁溶液（在 90 mL 去离子水中溶解 19 g 氯化镁，加入去离子水至总体积为 100 mL。在 1.034×10^5 Pa 高压下蒸汽灭菌 20 min）。

（4）2×YT 培养基：配制每升培养基，在 900 mL 去离子水中加入细菌培养用胰蛋白胨 16 g、细菌培养用酵母提取物 10 g、氯化钠 5 g，摇动容器直至溶质完全溶解，用 5 mol/L 氢氧化钠溶液调节 pH 至 7.0，加去离子水定容至总体积为 1 L，在 1.034×10^5 Pa 高压下蒸汽灭菌 20 min。

（5）M9 培养基：配制每升培养基，在 750 mL 无菌的去离子水（冷却至 50℃以下）中加入 5×M9 盐溶液 200 ml、灭菌的去离子水至 1 L、适当碳源的 20% 溶液（如 20% 葡萄糖）20 mL，如有必要，在 M9 培养基中补加含有适当种类的氨基酸的储存液。

5×M9 盐溶液的配制：在去离子水中溶解下列盐类，终体积为 1 L，磷酸氢二钠·7H$_2$O 64 g、磷酸二氢钾 15 g、氯化钠 2.5 g、氯化铵 5.0 g。

把上述盐溶液分成 200 mL 一份，在 1.034×10^5 Pa 高压下蒸汽灭菌 15 min。

2. 含有琼脂或琼脂糖的培养基

先按上述配方制成液体培养基，临高压灭菌前加入下列试剂中的一份：细菌培养用琼脂 15 g/L（铺制平板用）、细菌培养用琼脂 7 g/L（配制顶层琼脂用）、琼脂糖 15 g/L（铺制平板用）、琼脂糖 7 g/L（配制顶层琼脂糖用）。

在 1.034×10^5 Pa 高压下蒸汽灭菌 20 min。从高压灭菌器中取出培养基时应轻轻旋动以使溶解的琼脂或琼脂糖能均匀分布于整个培养基溶液中。必须小心，此时培养基溶液可能过热，旋动液体会发生暴沸。应使培养基降温至 50℃，方可加入不耐热的物质（如抗生素）。为避免产生气泡，混匀培养基时应采取旋动的方式，然后可直接从烧瓶中倾出培养基铺制平板。90 mm 直径的培养皿需 30~50 mL 培养基。如果平板上的培养基有气泡形成，可在琼脂或琼脂糖凝结前用酒精灯灼烧培养基表面以除去之。按设定的颜色记号在相应平板的边缘做记号以区别不同的培养平板（例如两条红杠表示 LB- 氨苄青霉素平板，一条黑杠表示 LB 平板等）。

培养基完全凝结后，应倒置平皿并储存于 4℃备用。使用前 1~2 h 应取出储存的平皿。如果平板是新鲜制备的，在 37℃温育时会"发汗"，便会导致细菌克隆或噬菌体噬斑在平板表面交互扩散而增加交叉污染的机会。为了避免这一问题，可以拭去平皿内部的冷凝水，并将平皿倒置于 37℃温度数小时方可使用，也可快速甩一下平皿盖以除去冷凝水。为尽可能减少污染的机会，除去盖上的水滴时应把开盖的平皿倒握在手上。

3. 抗生素（附表3）

附表3　抗生素浓度

| 抗生素 | 储存液[①] | | 工作浓度 | |
	浓度	保存条件	严紧性质粒	松弛性质粒
氨苄青霉素	50 mg/mL（溶于水）	−20℃	20 μg/mL	60 μg/mL
羧苄青霉素	50 mg/mL（溶于水）	−20℃	20 μg/mL	60 μg/mL
氯霉素	34 mg/mL（溶于乙醇）	−20℃	25 μg/mL	170 μg/mL
卡那霉素	10 mg/mL（溶于水）	−20℃	10 μg/mL	50 μg/mL
链霉素	10 mg/mL（溶于水）	−20℃	10 μg/mL	50 μg/mL
四环素[②]	5 mg/mL（溶于乙醇）	−20℃	10 μg/mL	50 μg/mL

①以水为溶剂的抗生素储存液应通过 0.22 μm 滤器过滤除菌。以乙醇为溶剂的抗生素溶液无须除菌处理，所有抗生素溶液均应放置于不透光的容器中保存。

②镁离子是四环素的拮抗剂，四环素抗性菌的筛选应使用不含镁盐的培养基（如 LB 培养基）。

4. 用于 λ 噬菌体操作的溶液

（1）麦芽糖：麦芽糖是编码 λ 噬菌体的基因的诱导物，培养用于铺制 λ 噬菌体平板的细菌时，通常在培养基中加入麦芽糖。每 100 mL 培养基加入 1 mL 20% 的无菌麦芽糖溶液。

1）20% 的麦芽糖无菌储存液的制备方法如下：

麦芽糖 20 g，加水至 100 mL。

使用 0.22 μm 滤器过滤除菌，将无菌溶液保存于室温。

2）2SM 缓冲液：这一缓冲液用于 λ 噬菌体原种的保存和稀释。每升含：

氯化钠 5.8 g、硫酸镁·7H₂O 2 g、1 mol/L Tris-HCl（pH 7.5）50 ml、2% 明胶溶液 5 ml，加水至 1 L。

在 $1.034×10^5$ Pa 高压下蒸汽灭菌 20 min，溶液冷却后分成 50 mL/ 份，储存于无菌容器中。SM 缓冲液可于室温无限期地保存。

3）2% 明胶溶液的配制：把 2 g 明胶溶于终体积为 100 mL 的水中，在 $1.034×10^5$ Pa 高压下蒸汽灭菌 20 min。

（2）TM 每升含 1 mol/L Tris-HCl（pH 7.5）50 mL、硫酸镁·7H₂O 2 g，加水定容至 1 L。

在 $1.034×10^5$ Pa 高压下蒸汽灭菌 20 min，溶液冷却后分成 50 mL/ 份，储存于无菌容器中。TM 可在室温下无限期地保存。

（3）λ 噬菌体稀释液：每升含 1 mol/L Tris-HCl（pH 7.5）10 mL、硫酸镁·7H₂O 2 g，加水至 1 L。

在 $1.034×10^5$ Pa 高压下蒸汽灭菌 20 min，溶液冷却后分成 50 mL/ 份，储存于无菌容器中。该稀释液可在室温下无限期地保存。

对于长期保存的 λ 噬菌体原种，尤其是经过氯化铯纯化的噬菌体，有时不妨在稀释液中加入 50 mmol/L 氯化钠和 0.01% 明胶。

五、常用缓冲液的配制

1. 常用缓冲液的 pK_a 值（附表4）

附表4　常用缓冲液的 pK_a 值

缓冲液	相对分子质量	pK_a	缓冲范围
Tris（三羟甲基氨基甲烷）	121.1	8.08	7.1～8.9
HEPES（N-2- 羟乙基哌嗪 -N'-2- 乙磺酸）	238.3	7.47	7.2～8.2

缓冲液	相对分子质量	pK_a	缓冲范围
MOPS（3-（N-吗啉代）丙磺酸）	209.3	7.15	6.6～7.8
PIPES（N，N'-双（2-乙磺酸）哌嗪）	304.3	6.67	6.2～7.3
MES（2-（N-吗啉代）乙磺酸）	195.2	6.09	5.4～6.8

2. 各种 pH Tris 缓冲液的配制（附表 5）

附表 5　各种 pH Tris 缓冲液的配制

所需 pH（25℃）	0.1 mol/L HCl 的体积（mL）	所需 pH（25℃）	0.1 mol/L HCl 的体积（mL）	所需 pH（25℃）	0.1 mol/L HCl 的体积（mL）
7.10	45.7	7.80	34.5	8.50	14.7
7.20	44.7	7.90	32.0	8.60	12.4
7.30	43.4	8.00	29.2	8.70	10.3
7.40	42.0	8.10	26.2	8.80	8.5
7.50	40.3	8.20	22.9	8.90	7.0
7.60	38.5	8.30	19.9		
7.70	36.6	8.40	17.2		

某一特定 pH 的 0.05 mol/L Tris 缓冲液的配制：将 50 mL 0.1 mol/L Tris 碱溶液与上表所示相应体积（单位：mL）的 0.1 mol/L HCl 混合，加水将体积调至 100 mL。

3. 分子生物学的常用缓冲液

（1）TE

pH 7.4：10 mmol/L Tris-HCl（pH 7.4）　1 mmol/L EDTA（pH 8.0）

pH 7.6：10 mmol/L Tris-HCl（pH 7.6）　1 mmol/L EDTA（pH 8.0）

pH 8.0：10 mmol/L Tris-HCl（pH 8.0）　1 mmol/L EDTA（pH 8.0）

（2）STE（亦称 TEN）

0.1 mol/L 氯化钠　　　　　　10 mmol/L Tris-HCl（pH 8.0）　1 mmol/L EDTA（pH 8.0）

（3）STET

0.1 mol/L 氯化钠

10 mmol/L Tris-HCl（pH 8.0）　1 mmol/L EDTA（pH 8.0）　　5% Triton X-100

（4）TNT

10 mmol/L Tris-HCl（pH 8.0）　150 mmol/L 氯化钠　　　　0.05% Tween 20

4. 常用电泳缓冲液（附表 6）

附表 6　常用电泳缓冲液

缓冲液	使用液	浓储存液（1000 mL）
Tris-乙酸（TAE）	1 倍浓度：0.04 mol/L Tris-乙酸 0.001 mol/L EDTA	50 倍浓度：242 g Tris 57.1 mL 冰乙酸 100 mL 0.5 moL/L EDTA（pH 8.0）
Tris-磷酸（TPE）	1 倍浓度：0.09 mol/L Tris-硼酸 0.002 mol/L EDTA	10 倍浓度：108 g Tris 15.5 mL 85.5% 磷酸（1.679 g/mL） 40 mL 0.5 mol/L EDTA（pH 8.0）

续表

缓冲液	使用液	浓储存液（1000 mL）
Tris- 硼酸（TBE）[①]	0.5 倍浓度：0.045 mol/L Tris- 硼酸 0.001 mol/L EDTA	5 倍浓度：54 g Tris 27.5 mg 硼酸 20 mL 0.5 mol/L EDTA（pH 8.0）
碱性缓冲液[②]	1 倍浓度：50 mmol/L 氢氧化钠 1 mmol/L EDTA	1 倍浓度：5 ml 10 mol/L 氢氧化钠 2 mL 0.5 mol/L EDTA（pH 8.0）
Tris- 甘氨酸[③]	1 倍浓度：25 mmol/L Tris 250 mmol/L 甘氨酸 0.1% SDS	50 倍浓度：15.1 g Tris 94 g 甘氨酸（电泳级）（pH 8.3） 50 mL 10% SDS（电泳级）

① TBE 浓溶液长时间存放后会形成沉淀物，为避免这一问题，可在室温下用玻璃瓶保存 5 倍浓度溶液，出现沉淀后则予以废弃。

以往都以 1 倍浓度 TBE 作为使用液（即 1∶5 稀释浓储存液）进行琼脂糖电泳。但 0.5 倍浓度的使用液已具备足够的缓冲容量。目前琼脂糖凝胶电泳都以 1∶10 稀释的储存液作为使用液。

进行聚丙烯酰胺凝胶电泳使用 1 倍浓度 TBE，是琼脂糖凝胶电泳时使用液浓度的 2 倍。聚丙烯酰胺凝胶垂直槽的缓冲液槽较小，故通过缓冲液的电流量通常较大，需要使用 1 倍浓度 TBE 以提供足够的缓冲容量。

② 碱性电泳缓冲液应现用现配。

③ Tris- 甘氨酸缓冲液用于 SDS- 聚丙烯酰胺凝胶电泳。

5. 常用的凝胶加样缓冲液（附表 7）

附表 7　常用的凝胶加样缓冲液

6 倍浓度缓冲液	储存温度（℃）
0.25% 溴酚蓝、0.25% 二甲苯青 FF、40%（W/V）蔗糖水溶液	4
0.25% 溴酚蓝、0.25% 二甲苯青 FF、 15% 聚蔗糖（Ficoll）（400 型）水溶液	室温
0.25% 溴酚蓝、0.25% 二甲苯青 FF、30% 甘油水溶液	4
0.25% 溴酚蓝、40%（W/V）蔗糖水溶液	4
碱性加样缓冲液、300 mmol/L 氢氧化钠、6 mmol/L EDTA 18% 聚蔗糖（Ficoll）（400 型；Pharmacia）水溶液 0.15% 溴甲酚绿（蓝）、0.25% 二甲苯青 FF	4

使用以上凝胶加样缓冲液的目的：增大样品密度，以确保 DNA 均匀进入样品孔内；使样品呈现颜色，从而使加样操作更为便利；含有在电场中预知速率向阳极泳动的染料。溴酚蓝在琼脂糖凝胶中移动的速率约为二甲苯青 FF 的 2.2 倍，而与琼脂糖浓度无关。以 0.5 倍浓度 TBE 作电泳液时，溴酚蓝在琼脂糖中的泳动速率约与长 300 bp 的双链线状 DNA 相同，而二甲苯青 FF 的泳动则与长 4 kb 的双链线状 DNA 相同。在琼脂糖浓度为 0.5%～1.4% 的范围内，这些对应关系受凝胶浓度变化的影响并不显著。

对于碱性凝胶应使用溴甲酚绿作为示踪染料，因为在碱性 pH 条件下其显色较溴酚蓝更为鲜明。

6. 2×SDS 凝胶加样缓冲液

100 mmol/L Tris-HCl（pH 6.8）0.2% 溴酚蓝。

200 mmol/L 二硫苏糖醇（DTT）20% 甘油。

4%SDS（电泳级）。

不含二硫苏糖醇（DTT）的 2 倍浓度 SDS 凝胶加样缓冲液可保存于室温，应在临用前取 1 mol/L 二硫苏糖醇储存液现加于上述缓冲液中。

7. 测序凝胶加样缓冲液

98% 去离子甲酰胺	0.025% 二甲苯青 FF
10 mmol/L TDTA（pH 8.0）	0.025% 溴酚蓝

甲酰胺：许多批号的试剂甲酰胺，其纯度符合使用要求，无须再进行处理。不过，一旦略呈黄色，则应在磁力搅拌器上将甲酰胺与 Dowex XG8 混合床树脂共同搅拌 1 h 进行去离子处理；并用 Whatman1 号滤纸过滤 2 次。去离子甲酰胺分装成小份，充氮存于 −70℃。有的公司出售经过蒸馏并充氮包装的甲酰胺，用前不必纯化。

六、常见限制性内切酶酶切位点及缓冲液

常见限制性内切酶酶切位点及缓冲液见附表8。

附表 8　常见限制性内切酶酶切位点及缓冲液

常见限制性内切酶	盐浓度	识别顺序	常见限制性内切酶	盐浓度	识别顺序
*Bam*H I	中	G↓GATCC	*Pst* I	中	CTGCA↓G
*Eco*R I	高	G↓AATCC	*Sac* I	低	CCGC↓GG
Hind III	中	A↓AGCTT	*Sal* I	高	G↓TCGAC
Kpn I	低	GGTAC↓C	*Sca* I	中	AGT↓ACT
Nde I	中	CA↓TATG	*Xba* I	高	T↓CTACA

* 各种限制性内切酶缓冲液常配制成 10 倍浓溶液。

根据各酶所需的盐浓度，常配制高盐、中盐和低盐储存液：

10 倍浓度低盐缓冲液：

100 mmol/L Tris-HCl（pH 7.5）	100 mmol/L 氯化镁	10 mmol/L DTT

10 倍浓度中盐缓冲液：

0.5 mol/L 氯化钠

100 mmol/L Tris-HCl（pH 7.5）	100 mmol/L 氯化镁	10 mmol/L DTT

10 倍浓度高盐缓冲液：

1 mol/L 氯化钠	500 mmol/L Tris-HCl（pH 7.5）
100 mmol/L 氯化镁	10 mmol/L DTT

附录 3　常用计量单位及符号

（十位数量词首的名称及符号）

10^{12}	Tera- 太（拉）	T	10^{-2}	centi- 厘	c
10^{9}	giga- 吉（咖）	G	10^{-3}	milli- 毫	m
10^{6}	mega- 兆	M	10^{-6}	micro- 微	μ
10^{3}	kilo- 千	K	10^{-9}	nano- 纳（诺）	n
10^{2}	hecto- 百	h	10^{-12}	pico- 皮（科）	p
10^{1}	deca- 十	da	10^{-15}	femto- 飞（母托）	f
10^{-1}	deci- 分	d	10^{-18}	atto- （托）	a

附录 4　希腊字母表

大写	小写	英文名称	读音	大写	小写	英文名称	读音
A	α	alpha	['aclfə]	N	ν	nu	[nju:]
B	β	beta	['beitə]	Ξ	ξ	xi	[ksai]
Γ	γ	gamma	['gæmə]	O	o	omicron	[ou'maikrən]
Δ	δ	delta	['deltə]	Π	π	pi	[pai]
E	ε	epsilon	['epsilən]	P	ρ	rho	[rou]
Z	ζ	zeta	['zi:itə]	Σ	σ,s	sigma	['sigmə]
H	η	eta	['eitə]	T	τ	tau	[tɔ:]
Θ	θ	theta	['θi:tə]	Y	υ	upsilon	['ju:psilen]
I	ι	iota	[ai'outə]	Φ	φ	phi	[fai]
K	κ	kappa	['kæpə]	X	χ	chi	[kai]
Λ	λ	lambda	['læmdə]	Ψ	ψ	psi	[psai]
M	μ	mu	['mju:]	Ω	ω	omega	['oumigə]

参 考 文 献

［1］周梦圣. 生物化学实验指导［M］. 上海：上海科学技术出版社，2000.

［2］柴纪严. 基础医学实验仪器使用基本操作方法［M］. 北京：中国医药科技出版社，2009.

［3］韩跃武. 生物化学实验［M］. 兰州：兰州大学出版社，2006.

［4］左绍远. 生物化学实验指导［M］. 昆明：云南民族出版社，2007.

［5］邓天龙，廖梦霞. 生物化学实验［M］. 成都：电子科技大学出版社，2006.

［6］何幼鸾，汤文皓. 生物化学实验［M］. 武汉：华中师范大学出版社，2006.

［7］赵锐，李锐甡. 生物化学实验教程［M］. 北京：中国科学技术出版社，2004.

［8］魏群. 分子生物学实验指导［M］. 北京：高等教育出版社，2004.

［9］严伟，袁向华. 生物化学实验［M］. 北京：科学出版社，2015.

［10］陈钧辉，李俊. 生物化学实验［M］. 北京：科学出版社，2008.

［11］杨建雄. 生物化学与分子生物学实验技术教程［M］. 北京：科学出版社，2009.

［12］薛仁镐，盖树鹏. 分子生物学实验教程［M］. 北京：高等教育出版社，2011.